바리스타를 위한 Coffee & Barista 입문서

바리스타를
위 한 Coffee & Barista
커 피 입문서

우인애

박미영

교문사

전 세계 교역량 중 2위를 차지할 정도로 주요한 상품인 커피는 전 세계인이 좋아하는 기호식품입니다. 우리나라도 커피 전문점의 증가, 홈 카페 문화 확산 등으로 인하여 커피 수입 부문에서 전 세계 국가 중 7위로 집계될 만큼 매년 커피 수입량이 급증하고 있습니다.

커피 소비량은 국민 전체 1년간 마신 커피가 약 265억 잔에 달하고 1인당 연간 512잔 꼴로 마시는 것으로 추정되고 있으며, 커피 시장 규모는 10조 원을 넘고 있습니다.

그동안에는 인스턴트 커피를 주로 소비하였으나 1990년대에 들어오면서 원두커피 소비가 증가하게 되었고, 1999년 '스타벅스가 우리나라에 처음 상륙한 이래 커피전문점에서 고급화된 품질의 에스프레소를 기반으로 한 다양한 커피 메뉴를 접하게 되었습니다. 또한 커피 음용문화가 들고 다니며 마실 수 있는 테이크아웃 형태로 바뀌고 활동적이고 편리함을 추구하는 새로운 라이프 스타일을 경험하게 되면서 커피를 마시는 인구가 증가하게 되었고, 이에 따라 커피 시장은 비약적으로 발전하게 되었습니다.

최근 커피전문점은 단순히 음료를 마시는 공간으로서의 기능뿐만 아니라 여가를 즐기거나 공부나 업무를 하는 복합적인 공간으로 발전하기에 이르렀습니다. 커피전문점이 많이 생기고 커피 소비가 늘어남에 따라 커피에 대한 관심도가 높아지면서 커피를 체계적인 학문으로서 인정하게 되었습니다. 이에 따라 대학에 커피 관련 학과나 커피에 관한 교과목이 개설되었고, 바리스타를 양성하는 교육기관이 많이 생기게 되었습니다.

이 책은 바리스타를 꿈꾸는 사람이나 커피에 관심 있는 사람들에게 조금이나마 도움이 될 수 있도록 커피의 유래, 생두에서부터 로스팅, 추출, 커피 메뉴 등 총 망라하여 커피에 대한 체계적인 이론과 실무 능력을 알기 쉽게 습득하도록 구성하였습니다. 앞으로도 새로운 연구 자료와 최신 정보를 수집하여 보강해 나갈 것이며, 다양한 계층의 독자로부터 부족한 부분에 대한 의견 수렴과 전문가의 조언을 통해 지속적으로 보완해 나가 커피에 관한 지침서로써 역할을 다하도록 노력하겠습니다.

끝으로 이 책이 무사히 출간될 수 있도록 기회를 주신 교문사 류제동 사장님, 편집에 심혈을 기울여 주신 편집부 여러분, 그리고 사진 촬영과 자료 제공을 해 주신 모든 분들께 감사드립니다.

2018년
저자 일동

CONTENTS
차례

3장 에스프레소

4장 핸드드립 및 기구를 이용한 추출

5장 로스팅

6장 향미 평가

1절 향미

2절 커핑

7장 영양과 위생

1절 커피와 영양

2절 위생 관리

1장
커피의 기초

1절
커피의 역사

커피의 기원은 정확하지는 않지만 전설이나 일화로 전해져 내려오고 있다. 커피는 오늘날 공적 또는 사적인 모임에서 빠지지 않고 소비되는 기호식품으로 전 세계에서 광범위하게 거래되고 있다. 인류의 문명 변화에 따라 전 세계로 전파된 커피는 근대화를 거치면서 커피하우스가 출현했고, 이는 다양한 계층 간의 의사소통 장소가 되었다. 경제 성장과 더불어 사회 변화에 따라 고객의 요구가 다양하게 변하면서 음료의 차원을 넘어 정치, 경제, 사회, 문화적으로 큰 의미를 갖게 되었다.

1. 기원

인류가 언제부터 커피를 접했는지에 대한 정확한 기록은 없고, 다만 몇 가지 전설로 전해 내려오고 있다.

1) 칼디의 전설

6~7세기경 에티오피아의 카파Kaffa, 지금의 짐마 시에서 염소치기 소년 칼디Kaldi가 어느 날 기르고 있던 염소들이 주변에 있던 빨간 열매를 먹은 후 밤이 되어도 잠을 자지 않고 흥분해 날뛰는 것을 보았다. 칼디가 그 열매를 따먹어 보았더니 피곤함이 가시고 정신이 맑아지며 기분도 좋아지는 경험을 하게 되었다. 칼디는 열매를 몇 개 따서 마을의 이슬람 수도승에게 보여 주었고 수도승은 그 빨간 열매가 고단함과 졸음을 없앤다는 것을 알게 되었다. 그 후 모든 수도원으로 기도 중 잠을 쫓고 머리를 맑게 해 주는 음료로 널리 퍼지게 되었다.

그림 1-1 칼디의 전설

2) 세이크 오마르의 전설

아라비아의 모카 지금의 북 예멘 지역에서 기도
와 약으로 병자를 치료하는 능력이 있었던 세이크
오마르가 아라비아 사막으로 추방되었는데 오자브
Ousab 산에서 먹을 것을 찾아 산속을 헤매다가 붉
은 열매로 허기를 채우기 시작했다. 그런데 신기하
게도 그 열매를 먹고 나니 기분이 좋아지고 피곤
이 가시는 것을 느꼈고 열매의 즙을 병든 사람들에
게 주었더니 기적처럼 건강이 회복되었다. 그 후 커
피 덕분에 왕으로부터 죄를 용서받아 모카로 돌아

그림 1-2 세이크 오마르의 전설

가서 승원을 건립하게 되었고 성인으로까지 추앙을 받게 되었다.

3) 이슬람 신앙과 관련된 마호메트와 천사 가브리엘의 전설

병에 걸린 마호메트의 꿈에 어느 날 천사 가브리엘
이 나타나 커피 열매를 보여 주며, 이 열매가 병을
치료하고 신도들의 기도생활에 도움을 줄 것이라
고 예언해 주었다고 한다. 처음 이슬람이 아라비아
반도에서 전파된 것과 커피가 같은 지역에서 알려
지기 시작한 것으로 본다면 이슬람교에서 커피는
중요한 역할을 한 것으로 추정된다.

그림 1-3 마호메트와 천사 가브리엘의 전설

2. 어원

커피의 어원은 에티오피아 짐마의 옛 지명인 카파Kaffa에서 유래되었다. 커피는 나라마다 명칭
이 다른데, 커피가 발견된 에티오피아에서는 분나Bunna 또는 부나Buna, 아라비아에서 와인의 아
랍어인 카와Qahwa, 터키는 카붸 또는 카흐베Kahve, 프랑스는 카페Cafè, 이탈리아는 카페Caffè, 독일

은 Kaffee, 영국에서는 우리가 부르고 있는 커피^{Coffee}로 불리고 있다.

커피가 문헌에 처음 등장한 것은 900년경 아라비아의 의사 라제스^{Rhazes}가 커피를 Buena 또는 Bunch로 기록했으며, 그 당시에는 커피를 지금의 음료가 아닌 약용이나 종교의식에 주로 사용했다.

☕ 커피의 어원
Cohuet : 아라비아에서 '힘'이라는 의미
Kaffa : 에티오피아의 지역 이름
Kahwe : 터키에서 '볶다'라는 의미
Kavus Kai : 페르시아 왕
Cahouah / Qahwa : 아라비아에서 '배고픔을 치유하는 음료'라는 의미

3. 전파

커피나무는 전설에 의하면 에티오피아의 카파 지방이 원산지로, 아프리카에서 전 세계로 커피의 경작과 음용이 전파되기 시작하였는데 오늘날 수단에서 모카항을 통해 예멘과 아라비아로 온 노예들이 커피체리를 먹었다고 기록되어 있다. 1400년 무렵 예멘에서 커피를 음료로 개발하여 마시기 시작했고 대규모로 커피 경작이 이루어졌다고 알려져 있지만, 아마도 훨씬 그 이전부터 경작되었을 것이다. 1500년경 아라비아 반도 전 지역에서 커피를 마실 수 있었고, 이후 1517년 시리아 대상에 의해 지금의 이스탄불인 터키의 콘스탄티노플에 커피가 소개되어 주로 이슬람교도들이 마시게 되었으며, 십자군 전쟁을 통해 유럽 전역으로 퍼지게 되었다.

그동안 커피 재배가 이슬람 국가에 의해 독점되었다가 1600년경 인도 출신의 이슬람 수도승인 바바 부단^{Baba Budan}이 인도의 마이소르^{Mysore} 지역에 커피를 심었다. 1616년에는 네덜란드인이 커피 묘목을 가져다가 네덜란드의 온실에서 재배했으며, 1600년 말에 인도의 말라바^{Malabar}와 인도네시아 자바섬에서 재배하기 시작했다. 1718년 수리남^{Surinam}에 이어 프랑스령 기아나, 브라질에 이어 1730년 영국인에 의해 자메이카에 소개되었는데, 여기서 오늘날 가장 유명하고 비싼 블루마운틴이 자라고 있다.

1720년 프랑스인인 가브리엘 드 클리유^{Gabriel de Clieu}는 프랑스 식민지령인 카리브해 서인도 제도의 마르티니크^{Martinique}에 커피 묘목을 가져가 재배했다.

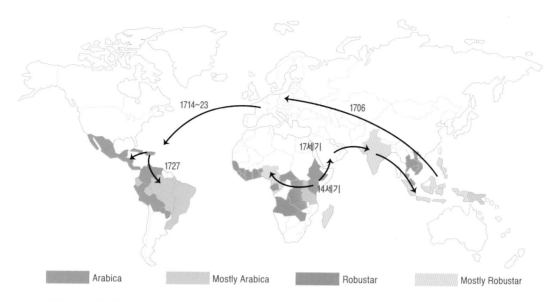

그림 1-4 **커피 전파경로 및 재배지역**
자료 : Andrea Illy and Rinantonio Viani(2005). Espresso Coffee, p23, The Science of Quality, second edition. Elsevier Academic Press

이 무렵 영국, 프랑스, 포르투갈, 네덜란드 등 유럽의 여러 나라들의 새로운 항로를 개척하여 커피 재배에 적합한 토양과 기후를 갖고 있는 신대륙을 발견함으로써 커피 재배의 확산이 이루어져 오늘날 커피 벨트라는 커피 생산 지역이 형성되었다고 볼 수 있다.

커피는 초기에 약용이나 종교의식에 주로 이용했으나 당시 금주법으로 인해 술을 마시지 못했던 이슬람에서 술 대신에 커피를 마심으로써 음료로 발전하였고 이슬람의 와인이라고 불릴 만큼 인기가 높았다.

☕ **커피의 전파**

서기 500년 북동 아프리카에서 커피나무의 식물학적 증거 발견

500년대 예멘

1400년대 터키

1500년대 인도

1700년대 브라질, 쿠바, 과테말라, 멕시코, 콜롬비아

1800년대 케냐, 탄자니아

1900년대 서인도제도, 베트남

4. 커피하우스의 출현

커피콩의 원산지가 에티오피아라는 것은 거의 정설로 받아들여지고 있지만, 음료로써 발전한 곳은 이슬람 지역으로 종교적 수행과 관련하여 1000년경에 커피 종자를 볶아 삶은 물을 마시고 있었다는 역사적 기록이 남아 있다. 특히 지금의 터키인 오스만 투르크제국의 번성으로 커피는 크게 유행하였다. 이렇게 터키에 알려진 커피는 1554년 콘스탄티노플에 최초의 커피하우스가 문을 열게 되었다. 이탈리아는 1683년 베니스에 유럽 최초의 커피하우스가 문을 열었고, 1720년에 생긴 카페 플로리안^{Caffè Florian}은 베니스의 산마르코 광장에서 가장 유명한 카페로 현재까지 영업을 하고 있다. 이탈리아는 초기에 주로 터키식 커피를 마셨으나 밀라노의 루이지 베제라^{Luigi Bezzera}에 의해 1901년 최초로 상업용 에스프레소 기계가 발명되면서 점차 에스프레소를 마시게 되었다.

1) 영국

1650년 유대인인 야곱^{Jacob}에 의해 옥스퍼드에 최초의 커피하우스가 문을 열었다. 이곳은 여러 계층 다양한 분야의 사람들이 모여 대화를 하는 문화적 공간이었는데, 이때 결성된 'The Royal Society' 라는 사교 클럽이 현재까지 이어지고 있다. 런던은 1652년 파스콰 로제^{Pasqua Rosee}가 최초의 커피하우스를 열었다. 특히 1688년 에드워드 로이드^{Edward Lloyd}가 런던에 개점한 로이드 커피하우스는 개인업자의 모임이 발달하여 나중에 세계적인 로이드 보험회사가 되었다. 이 시대에 팁^{Tip}문화가 생겼는데, 커피하우스나 주점에서 손님들이 서비스하는 사람에게 동전을 주는 습관에서 비롯되었다고 한다.

2) 프랑스

1672년 최초로 파리에 커피하우스가 문을 열었고, 1686년 프란체스코 프로코피오 데이 콜텔리^{Francesco Procopio dei Coltelli}가 문을 연 카페 프로코프^{Cafe de Procope}는 볼테르, 루소, 나폴레옹 등 유명인이 즐겨 찾던 카페로 유명하다.

3) 오스트리아

터키의 오스만투르크족이 퇴각하면서 커피 문화가 시작되었다. 1683년 빈 최초의 커피하우스가 문을 열었으며, 터키식 커피 추출법이 아닌 여과식 커피가 도입되었고 커피에 휘핑크림을 얹은 흔히 비엔나 커피라고 하는 아인슈패너 커피Einspanner Coffee를 개발했다.

4) 미국

1668년 커피가 처음 소개되었다. 1670년 보스턴에 최초의 커피숍 거트리지 커피하우스Gutteridge coffee house가 문을 열었고, 1696년 뉴욕에 더 킹스 암즈The King's Arms가 최초로 문을 열었다. 미국은 영국 식민지 시절 차를 주로 마셨으나 1773년 보스턴 차 사건 이후 커피 마시기 운동을 벌였다. 미국의 커피시장은 날로 번창하여 1971년 미국식 에스프레소 바의 선두 주자인 스타벅스가 시애틀에 개점했다. 1980년경 엄격한 경작과 처리과정을 거친 스페셜티 제도를 만들었고, 테이크아웃용 컵을 들고 다니며 마시는 새로운 문화가 생겼다.

5) 일본

17세기경 에도시대에 포르투갈과 네덜란드 등과의 교역을 통해 커피를 알게 되었고 태평양 전쟁 후 미국 문화의 영향으로 커피하우스가 많이 생기기 시작했다. 특히 일본은 사이펀, 멜리타식, 고노식, 칼리타식 등의 핸드드립 추출 방법을 고안하여 커피문화를 더욱 확산시켰다.

6) 한국

1896년 아관파천 당시 고종이 러시아 공사 베베르Karl Ivanovich Veber를 통해 우리나라 최초로 커피를 마셨다고 전해진다. 그 후 고종은 덕수궁의 정관헌靜觀軒에서 커피를 마시며 외국 공사들과 연회를 즐겼다고 한다. 당시 커피를 서양에서 들어온 국물이라 하여 '양탕국'이라 불렀다. 1902년 고종의 후원으로 독일계 러시아 여성인 손탁이 서울 종로구 정동에 '손탁호텔'을 개업했는데, 일반인을 대상으로 처음 커피를 판매한 곳으로 알려져 있다. 1905년 을사조약 이후 일본인들에 의해 명동에 깃사텐喫茶店이라는 서양식 찻집을 차려 놓고 커피를 팔기 시작했고, 1923년경 충무로에 '후다미' 라는 근대적 커피점이 문을 열면서 명동과 충무로, 종로 일대에 커피점이 생기기 시작했는데 당시에는 고위 관료층이나 개화된 지식인들의 전유물로 대중과는 거리가 있었다. 한국인 최초로 개업한 커피점은 1927년 우리나라 최초의 영화감독인 이경손이 종로 관훈동에 개업한 '카카듀' 로, 커피가 예술가들의 삶 속으로 파고들기 시작하는 계기가 되었다.

2절
커피 식물학

1. 커피나무

꼭두서니과의 코페아속으로 분류되는 다년생 쌍떡잎식물로, 열대성 상록교목에 속한다. 꼭두서니과는 열·온대에 분포하는 교목, 관목, 초본으로 350속 4,500종이며, 잎이 어긋나거나 돌려나는 단엽으로 가장자리는 밋밋하거나 톱니가 있다.

　품종에 따라 나무의 키가 10m 이상이 되기도 하나 대개 2~3m 정도로 잘라 수확하기 편하게 관리한다. 아라비카종의 잎은 폭이 좁고 길이가 긴 타원형으로 가장자리가 물결이 치며, 로부스타종은 잎이 둥글고 크기가 매우 크다. 약 3년이 되면 완전히 성숙하여 정상적인 열매 수확이 가능하다.

그림 1-5 커피나무

1) 식물학적 분류

커피의 3대원종은 코페아 아라비카, 코페아 카네포라, 코페아 리베리카를 말한다. 코페아 리베리카는 아시아나 서아프리카의 일부에서 생산되고 있지만 전체 커피 생산량의 1~2%에 불과하여 오늘날은 코페아 아라비카, 코페아 카네포라 두 종류만 주로 재배되고 있다. 코페아 카네포라에는 로부스타와 쿠일루코닐론 등이 있는데 로부스타가 주종을 이루고 있으므로 흔히 아라비카와 로부스타 두 종류로 함축해 이야기한다.

그림 1-6 커피 식물 도감

표 1-1 커피의 품종

Family	Genus	Sub-Genus	Species	Variety
과(科)	속(屬)	아속(亞屬)	종(種)	품종(品種)
꼭두서니과 (Rubiaceae)	코페아 (Coffea)	유코페아(Eucoffea) 중 이리트로 코페아(Erythrocoffea)	아라비카(Arabica)	티피카(Typica)
			카네포라 (Canephora)	로부스타(Robusta)

2) 커피 꽃

나무를 심고 보통 3년이 지나면 꽃이 피기 시작하고 이듬해부터 열매를 맺는다. 꽃은 흰색이며 손톱 크기 정도의 약 2cm로 여러 개가 한꺼번에 뭉치로 핀다. 1개의 암술과 보통 5개의 수술로 이루어지고 향은 자스민 향과 유사하며 대개 2~3일이면 진다.

꽃잎은 아라비카종이 5장, 로부스타종은 5~7장으로 수정이 되면 갈색으로 변하고 이틀 후 꽃이 지면서 씨방 부분이 발달하게 되어 열매를 맺게 된다.

아라비카는 수술과 암술이 함께 있어 열매를 맺게 되는데, 이를 자가수분 또는 자가수정이라 한다. 이에 반해 로부스타는 벌이나 나비가 필요한 타가수분에 의한 수정으로 열매를 맺는다.

아라비카 꽃　　　　　　　　　　　　　　　로부스타 꽃

그림 1-7 아라비카 꽃과 로부스타 꽃

3) 커피체리

꽃이 지고 처음에는 아주 작고 녹색이던 열매가 점점 커져 길이가 15~18mm 정도 되면 수개월 동안 익으면서 빨갛게 되는데, 이를 커피체리라 부른다. 품종에 따라 녹색에서 노란색으로 익는 옐로우버번종도 있다. 완전히 성숙된 과육에는 어느 정도 당도가 있으나 두께가 약 1~2mm로 과육이 차지하는 부분이 적어 과육이라고 보기보다는 껍질에 가까워 과일로서의 의미는 없다고 할 수 있다.

그림 1-8 커피체리가 익어가는 과정

꽃이 지고 열매를 맺는 모습   커피체리를 맺은 모습   커피체리가 익은 모습

커피체리 단면   커피체리 스킨

건조된 커피체리

파치먼트

그림 1-9 커피체리 탈곡과정

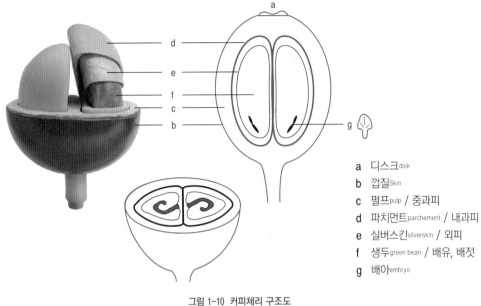

a 디스크disk
b 껍질Skin
c 펄프pulp / 중과피
d 파치먼트parchement / 내과피
e 실버스킨silverskin / 외피
f 생두green bean / 배유, 배젖
g 배아embryo

그림 1-10 커피체리 구조도

4) 피베리

일반적인 플랫 빈은 열매 안에 두 개의 콩이 서로 마주 보고 들어 있으나, 체리 안에 1개의
콩만 들어 있다. 이를 피베리Peaberry 또는 카라콜리로Caracolillo라고 한다. 피베리의 발생 원인은
유전적인 결함이나 불완전한 수정 등으로 보고 있으나 정확하게 보고되어 있지는 않다. 전체
생산량의 5~20% 정도 들어 있으며, 생두 구입 시 평균 10% 정도가 섞여 있다.

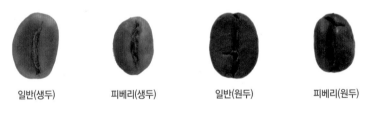

일반(생두)   피베리(생두)   일반(원두)   피베리(원두)

그림 1-11 일반 콩과 피베리

2. 커피 품종

커피의 식물학적 분류에 의하면 코페아 아라비카, 코페아 카네포라, 코페아 리베리카 3대 원
종이 있으나 현재 전 세계에서 생산되고 있는 커피의 품종은 코페아 아라비카 종이 약 70%

정도이고 나머지 30% 정도는 코페아 카네포라의 로부스타가 주종을 이루고 있다.

따라서 오늘날 커피 품종으로 흔히 아라비카와 로부스타 두 종류로 함축하여 사용하고 있다. 아라비카와 로부스타는 재배조건, 모양, 구성 성분, 맛, 주요 생산국 등에서 차이가 있다.

1) 아라비카 품종

에디오피아가 원산지로 주로 열대, 아열대 지방의 기온이 약 25℃ 내외를 유지하고 해발 800~2,000m의 고산지대에서 잘 자란다. 전 세계 커피 생산량의 70% 정도를 차지하며, 향미가 우수하고 풍부한 맛을 갖고 있으나 질병과 해충에 약하고 재배 조건도 까다롭다.

표 1-2 아라비카 품종

종류	특성
티피카 (Typica)	아라비카 원종에 가장 가까운 품종으로, 콩은 긴 편이다. 대표적인 티피카 계통에는 블루마운틴, 하와이 코나가 있다.
버번 (Bourbon)	1715년 프랑스가 예멘에서 모카 품종 나무를 가져 아프리카 동부 인도양에 위치한 버번섬(지금 리유니언섬)에 이식한 데서 유래한 품종이다. 커피 품질이 뛰어난 편이나 모든 커피 질병에 취약하며, 티피카에 비해 작고 둥글며 단단한 편이다. 센터 컷은 S자 모양을 하고 있다. 수확량은 티피카보다 20~30% 많으나 크기가 작은 편으로 빈틈없이 빽빽하게 열린다. 중미, 브라질, 케냐, 탄자니아 등지에서 주로 재배되고 있다.
카투라 (Caturra)	1937년 브라질에서 발견된 레드 버번의 돌연변이종으로, 콩의 크기는 작으며 수확량은 많다. 풍부한 신맛과 약간의 떫은맛을 지니며 나무의 키는 작은 편이고 마디 사이가 짧다. 주요 질병과 해충에 취약하며 잎과 열매의 특성은 버번과 유사하다. 집중적 관리가 필요하며 3~4회 수확 후 과잉결실Over-bearing 현상과 견고하지 못한 특성 때문에 브라질에서는 환영받지 못했다. 코스타리카 환경에 더 잘 적응하며 밀식이 가능(5,000~10,000그루/ha)하다.
문도 노보 (Mundo Novo)	버번과 수마트라 티피카의 자연교배종으로 1931년 브라질 상파울로 지역에서 발견되었다. 1950년부터 브라질에서 재배하기 시작하여 현재는 카투라, 카투아이와 함께 브라질의 주력 재배 품종이 되었다. 환경적응력이 좋고, 특성은 티피카와 버번의 중간적 형태로 콩의 크기가 다양하다. 신맛과 쓴맛의 밸런스가 좋으며 맛은 재래종과 유사하다. 생산량은 버번보다 30% 많으나 커피체리의 성숙기간이 오래 걸리는 단점이 있다. 나무 키가 3m 이상으로 자라므로 매년 가지치기를 해서 적정 크기를 유지해야 하며 콩의 밀도는 낮다.
카투아이 (Catuai)	문도노보와 카투라의 교배종으로 나무 키가 작으나 병충해와 강풍에 강하고 생산성이 높다. 매년 생산이 가능하며 생산기간이 타 품종에 비해 10여 년 정도 짧은 것이 단점이다.
켄트(Kent)	인도의 고유품종으로 높은 생산성을 보이며 커피잎녹병에 강하다.
HdT	아라비카와 로부스타의 교배종으로 커피잎녹병에 강하고 콩의 크기가 큰 편이다.
카티모르 (Catimor)	HdT와 카투라의 교배종으로 성장성과 다수확을 자랑하며 체리 사이즈가 큰 편이다.
마라고지페 (Marago-gype)	티피카의 돌연변이 품종으로 1870년 브라질의 바이아주 마라고지페시에서 발견되었으며, 생산성이 극히 낮다. 일반 콩에 비해 크기가 2~3배 크다. 일반 콩　　마라고지페

아라비카의 품종은 돌연변이종이나 교배종으로 여러 변종이 있는데 대표적인 품종으로 티피카와 버번을 둘 수 있다.

2) 로부스타 품종

19세기 중엽 아프리카 빅토리아 호수 근처 콩고에서 발견되었으며, 학명은 코페아 카네포라이다. 원래 코페아 카네포라의 대표 품종인 로부스타는 이름이 널리 알려져 지금은 카네포라와 같은 의미로 통칭해 사용한다.

아라비카종과 리베리카종의 중간 성질을 지니며, 주로 700m 이하의 고온다습한 지역에서 재배된다. 곰팡이 병에 대한 저항성이 강하며, 인도네시아 등지에 넓게 재배되고 있다.

☕ 리베리카
로부스타에 비해 향과 맛이 떨어지고 쓴맛이 더 강하다. 생산량이 얼마 되지 않아 대부분 자국에서 소비한다. 열매의 양쪽 끝이 뾰족하고 과육이 두껍다.

표 1-3 아라비카와 로부스타의 비교

	아라비카(Arabica)	로부스타(Robusta)
원산지	에티오피아	아프리카 콩고
기록 연도	1753년	1895년
염색체 수	44개(2n)	22개(2n)
적정기온	15~24°c	24~30°c
고도	800~2,000m	700m 이하
적정 강수량	1,500~2,000mm	2,000~3,000mm
개화시기	비가 온 후	불규칙
수분방법	자가수분	타가수분
병충해	약함	비교적 강함
체리 숙성기간	6~9개월	9~11개월
카페인 함량	0.8~1.4%	1.7~4.0%
맛	향미가 우수, 신맛이 좋음	향미가 약함, 신맛은 거의 없고 쓴맛이 강함
주요 재배지역	동아프리카, 중남미	서아프리카, 동남아
생산	60~70%	30~40%

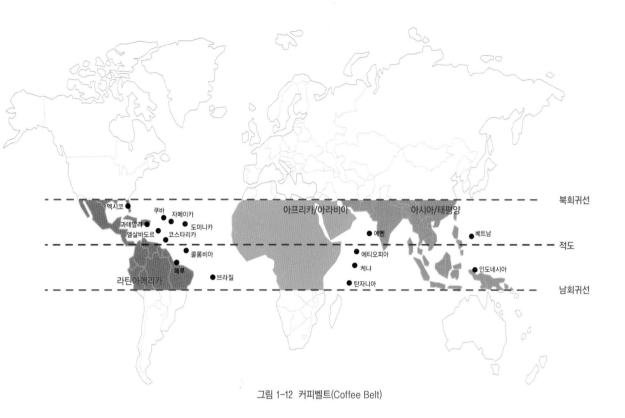

그림 1-12 커피벨트(Coffee Belt)

3. 커피 재배

1) 커피벨트

커피나무는 아열대 또는 열대 등의 따뜻한 지역에서 주로 재배된다. 주요 재배 지역은 적도를 중심으로 북위 25도에서 남위 25도 사이에서 재배되는데, 이를 커피벨트 또는 커피존이라 부른다.

2) 커피 재배 조건

(1) 기후

연평균 기온이 15~24℃ 정도로 기온이 30℃를 넘거나 10℃ 이하로 내려가지 않아야 하고 서리가 내리지 않는 지역이어야 한다. 또한 강한 바람이 불지 않아야 하고 연간 총 강우량보다

월별 평균 강우량이 중요하다. 지나치게 강한 햇빛과 열에 약하기 때문에, 이를 가리기 위해 다른 나무를 같이 심기도 한다. 이런 약점을 보완하기 위해 아라비카종이 생육하기 어려운 지역에서는 카네포라종과 접목하여 재배하기도 한다.

(2) 지형과 고도

평지나 약간 경사진 언덕으로 표토 층이 깊고 물 보유 능력이 좋은 지역이 적합하다. 고지대에서 생산된 커피는 단단하고 밀도가 높으며, 향과 플레이버가 더 풍부하고 맛이 좋으며 더 진한 청록색 빛을 띤다.

(3) 토양

커피 경작에 적합한 토양은 용암, 응회암, 화산재 등으로, 배수가 잘 되고 뿌리를 깊게 내릴 수 있는 연질의 약산성$^{pH\,5~6}$ 토양이어야 한다. 또한 표토 층이 깊고 투과성이 좋으며 물을 담을 수 있어야 한다.

(4) 바람

바람이 강한 지역에서는 셰이드 트리$^{Shade\,Tree}$나 방풍림$^{Wind-break}$을 심거나 방풍시설을 한다.

4. 번식

1) 발아

커피는 일반적으로 커피체리의 껍질을 벗겨낸 파치먼트 상태로 심는다. 모판에 심거나 폴리백^{Polybag}을 이용하여 발아시키는데 간혹 빠른 발아를 위해 심기 직전에 손으로 파치먼트를 부서 심는 경우도 있다.

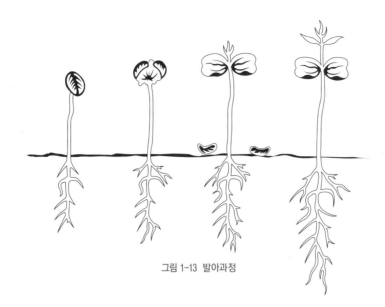

그림 1-13 발아과정

2) 모판

커피를 심어 묘목을 키우는 곳을 모판이라고 한다. 물 공급
이 용이하고 해충의 피해가 없는 곳에 나무기둥을 세우고
그 위에 그물망이나 야자수 잎 등으로 지붕을 만들어 반그
늘을 만들어 준다.

그림 1-14 모판

3) 이식

이식의 시기는 보통 우기가 시작되기 전에 하며, 심은 지 2년 정도가 되면 1.5~2m 정도까지
성장한다. 그 시기에 첫 번째 꽃을 피우게 되고 약 3년이 지나면 수확이 가능하다. 커피나무
의 경제적인 수명은 약 30년이다.

그림 1-15 커피콩의 번식과정

4) 가지치기

커피나무는 품종에 따라 10m 이상 자라기도 한다. 수확과 재배가 용이하도록 가지치기를 해서 2~3m를 유지한다. 가지가 너무 많이 나면 영양이 열매에 집중되지 못해 수확량이 줄어들기 때문에 가지치기는 필수라 할 수 있다.

5. 병충해

1) 커피잎 녹병CLR: Coffee Leaf Rust

커피잎 녹병은 아라비카 종에 치명적인 질병으로 곰팡이 포자가 커피 잎에 번식하면서 녹이 슨 듯 색이 변해 말라죽는 질병이다. 전염성이 매우 빨라 커피 농가의 '구제역'으로도 일컬어진다. 1869년 스리랑카에서 발병하여 거의 모든 나무를 황폐화시켰다. 국제커피기구ICO에 의하면 2013년 최근 중미의 커피잎 녹병이 1976년 이래 최악의 타격을 주고 있다고 보도된 바 있다.

커피잎 녹병에 걸리면 커피나무의 열매는 성숙하지 못하고 녹색에서 노란색으로 변하면서 나무에서 떨어져 버린다.

2) 커피열매병CBD: Coffee Berry Disease

탄저병균이 커피체리에 붙어 포자를 만들어내는 병으로 커피체리를 썩게 만들고 떨어지게 한다. 보통 습도가 높은 환경에서 잘 생기며 대부분 아라비카종에서 발병한다. 1922년 케냐에서 처음으로 발견된 후 아프리카 전역에서 발견되고 있다.

6. 커피의 수확 및 가공

1) 커피 수확

커피 수확은 크게 3가지로 나뉘는데, 익은 체리만을 골라 사람이 수확하는 핸드피킹Hand Picking, 한번에 훑어서 수확하는 스트리핑Stripping, 기계에 의한 수확Mechanical Harvesting이 있다.

표 1-4 커피 수확 방법

	기계에 의한 수확	사람에 의한 수확	
		스트리핑	핸드피킹
방법	기계 이용	가지째 체리를 훑어서 수확	잘 익은 체리만 선택하여 수확
장점	대량 수확 가능 인건비 절감	빠른 수확 가능	잘 익은 체리만 선택하여 수확하므로 품질이 고르다.
단점	체리마다 숙성기간이 달라 수확시기를 결정하기 어렵다. 또한 한꺼번에 잡아 수확하기 때문에 이물질이 섞일 수 있고 나무에 손상을 준다. 익지 않은 체리와 함께 수확하므로 품질이 고르지 않다.		인건비 상승

☕ 커피체리의 수확은 주로 이른 아침이나 늦은 오후에 한다.

2) 가공법

(1) 내추럴 프로세싱Natural Processing

커피체리를 수확한 후 커피펄프를 벗겨내지 않은 상태 그대로 건조시키는 방법이다.

(2) 워시드 프로세싱Washed Processing

커피체리에서 커피펄프를 벗겨낸 후 물에 담그거나 통 안에 그대로 두어 발효시키는 습식방법이다. 이 발효를 통해 점액질인 무실라지Mucilage를 제거하게 된다. 발효 시간은 보통 12~36시간 정도이며, 내추럴 프로세싱에 비해 신맛이 우수하며 균일한 품질의 결과물을 얻을 수 있다. 과하게 발효되면 이미나 이취가 생길 수 있으므로 주의하여야 한다.

무실라지

내추럴 프로세싱	워시드 프로세싱	펄프드 내추럴 프로세싱
수확&선별	수확&선별	수확&선별
건조	세척&선별	세척&선별
	과육제거	과육제거
	발효	건조
	세척	
	건조	

그림 1-16 커피의 가공 과정

(3) 펄프드 내추럴 프로세싱Pulped Natural Processing

내추럴 프로세싱과 워시드 프로세싱의 중간 형태의 처리방법으로 수확 후 커피펄프를 벗겨낸 후 점액질이 있는 파치먼트 상태로 건조하는 방식이다.

3) 파치먼트 건조

생두를 보관하기 위해서 약 60~65%에 달하는 수분 함량을 12% 정도로 낮추기 위해 건조를 하는데, 13% 이상의 수분이 있게 되면 생두가 썩거나 발효될 가능성이 있으므로 여러 번 뒤섞어 주면서 잘 말려야 한다.

(1) 햇빛 건조

① 파티오^{Patio} 건조장

콘크리트, 아스팔트, 타일 또는 비닐하우스로 된 커피 건조장으로, 체리나 파치먼트를 펼쳐 놓고 골고루 뒤집어 주면서 건조시킨다. 체리 상태에서는 12~21일 정도 말리고, 파치먼트 상태에서는 7~15일 정도 말리게 된다. 체리는 수확한지 10시간 이내에 말려야 체리끼리 부딪쳐 발효되는 것을 막을 수 있다.

그림 1-17 파티오 건조장

② 테이블 건조^{Table Dry}

테이블이나 건조대 같은 넓은 나무판자 위에서 주로 파치먼트를 건조시킬 때 사용되는 방식이다. 흙이나 바닥에 있는 이물질과의 접촉을 통한 오염을 막아 줄 수 있다. 장점에 반해 비가 오거나 밤이 되면 반드시 천막으로 덮어야 하기 때문에 노동력이 많이 드는 단점이 있다.

그림 1-18 테이블 건조

(2) 기계건조^{Mechanical Dry}

수평의 커다란 드럼으로 된 기계건조기나 수직으로 된 타워형 건조기에서 40~45℃ 정도의 온도로 건조한다. 열이 이보다 높으면 불쾌한 냄새가 나고 생두의 품질이 떨어지게 된다.

4) 커피자루

파치먼트나 생두를 보관하는 자루로, 수확한 파치먼트를 보관하였다가 수출시 파치먼트를 벗겨내고 생두를 담아 선적한다. 자루의 앞면에는 생산국의 이름이나 로고가 들어가며, 제조농장과 함께 등급을 써 넣는다.

그림 1-19 커피자루

5) 기타 가공

(1) 몬순커피Monsoon Coffee

수세 처리하지 않은 커피를 10~20cm 정도의 두께로 고르게 펼친 다음 창고에서 습한 몬순 기후를 받도록 4~5일 정도 방치한다. 이렇게 습도와 바람에 노출된 생두는 숙성aging을 통해 녹색에서 누르스름한 콩으로 변색되고 곰팡내 같은 독특한 향을 지니게 된다.

(2) 코피 루왁Kopi Luwak

인도네시아에서 생산되는 코피 루왁은 긴 꼬리 사향고양이가 잘 익은 커피체리만 골라 먹고 소화시키지 못하고 배설되어 나오는 파치먼트 덩어리를 정제해서 만든 커피를 말한다. 코피는 커피를 나타내며 루왁은 사향고양이를 말한다. 소화과정을 거치면서 발효된 커피는 독특한 맛과 향을 지니게 된다. 보통은 야생 사향고양이의 배설물을 주워 정제하지만 요즘은 우리에 가둬 대량으로 생산시키면서 동물학대라는 비난을 받고 있다. 코피루왁에 이어 다람쥐, 원숭이, 족제비, 코끼리 배설물을 이용한 커피까지 나오고 있다.

그림 1-20 사향고양이와 코피 루왁

3절
생두의 등급

1. 국가별 생두의 분류 기준

생두는 나라별로 고도, 스크린 사이즈나 결점두에 따라 등급이 나뉜다.

표 1-5 생두 분류 기준

생산 고도		스크린 사이즈		결점두	
나라	분류내용 산지명 / 상표명	나라	분류내용 산지명 / 상표명	나라	분류내용 산지명 / 상표명
코스타 리카	SHB, HB	콜롬비아	Supremo, Excelso	브라질	NY.2 ~ NY.8
	Tarrazu		Medellin, Amenia		Santos, Cerrado
과테말라	SHB, FHB, HB	케냐	AA, AB, C	인도네시아	Grade 1 ~ Grade 6
	Antigua		Kenya AA		Mandhelling
멕시코	SHG	탄자니아	AA, A, B, C, PB	에티오피아	Grade 1 ~ Grade 8
	Oaxaca		Kilimanjaro		Yirgacheffe Harrar, Sidamo
자메이카	Blue Mt, High Mt, PW	하와이	Kona Extra Fancy, Kona Fancy, Kona Prime	예멘	
	Blue Mountain		Kona		Yemen Mocha, Mocha Mattari, Mocha Hirazi, Sanani

1) 생산 고도에 의한 분류

생두는 고도가 높을수록 밀도가 높고 품질이 뛰어나다. 고지대일수록 기온이 낮아 천천히 시간을 갖고 열매가 익기 때문에 맛과 풍미가 뛰어나다.

표 1-6 생산 고도에 의한 분류

등급	경작 고도
Strictly Hard Bean(SHB)	1,370m 이상
Hard Bean(HB)	1,220 ~ 1,370m
Semi Hard Bean	평균 1,160m
Extra prime Washed	910 ~ 1,060m
Prime Washed	770 ~ 1,060m
Good Washed	770m 미만

2) 스크린 사이즈에 의한 분류

생두의 크기는 스크린 사이즈Screen Size로 분류된다. 스크린 사이즈란 생두를 측정하는 기준으로, 1/64인치로 약 0.4mm에 해당한다.

표 1-7 생두 사이즈 분류

스크린 No.	크기(mm)	콜롬비아	아프리카 / 인도	중앙아메리카 / 멕시코	English
20	7.94	수프리모 Supremo	AA	–	Very Large Bean
19	7.54				Extra Large Bean
18	7.14	엑셀소 Excelso	A	Superior	Large Bean
17	6.75				Bold Bean
16	6.35		B	Segunda	Good Bean
15	5.95				Medium Bean
14	5.55		C	Tercera	Small Bean
13	5.16		PB	Caracol	Peaberry
12	4.76				
11	4.30			Caracoli	
10	3.97				
9	3.57			Caracolillo	
8	3.17				

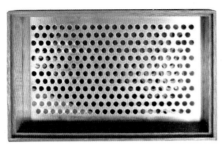

| 스크리너 | 수분계(생두의 수분 함량을 측정하는 기계) |

그림 1-21 스크리너와 수분계

☕ 생두의 스크린 사이즈는 생두를 세로로 놓았을 때 세로의 길이가 아니라 가로, 즉 폭을 의미한다.

 $^{18}/_{64}$ inch ≒ 7.2mm 이상의 생두인 경우를 스크린 18Screen #18이라 한다.

3) 결점두에 의한 분류

결점두Defect bean는 샘플을 검사해 점수로 환산한다.

표 1-8 국가별 결점두 표기법

국가	등급	기준
브라질	NY2~NY8(전 No.2 ~ No.6)	4Defects ~ 86Defects
에티오피아	Grade 1 ~ Grade 8	No Defects ~ Over 340
인도네시아	Grade 1 ~ Grade 6	Grade 1 : 11Defects

표 1-9 NYBOT 생두 등급표에 의한 등급과 결점 수

Type	NY2	NY2/3	NY3	NY3/4	NY4	NY4/5	NY5	NY5/6	NY6	NY6/7	NY7	NY8
결점 수 (점)	6	9	13	21	30	45	60	90	120	180	240	450
등급	스페셜티		프리미엄		상업용 등급 A		상업용 등급 B					

☕ NYBOTnew york board of trading

아라비카 커피 등급 분류기준으로, 생두 샘플 300g 안의 결점두에 따라 등급을 정한다.

표 1-10 결점두의 종류

종류	특성 및 원인
Full Black　　　　Partial Black	**전부 또는 일부가 검게 된 콩** 늦은 수확이나 흙과의 접촉 또는 잘 말리지 못해 발효된 콩으로 썩은 맛, 잡맛, 시큼한 맛, 페놀맛이 남. 악영향 정도 : 매우 높음
Full Sour　　　　Partial Sour	**전부 또는 일부가 상한 콩** 어두운 적갈색을 띠며 발효된 콩으로 과잉 발효로 인한 오염 또는 땅에 떨어진 체리를 수확한 경우 악영향 정도 : 매우 높음
Fungus Damage	**곰팡이 슨 콩** 노란색이나 적갈색을 띠는 곰팡이가 생긴 생두로 건조시 온도와 습도 조절이 안 되어 곰팡이가 생긴 경우 악영향 정도 : 매우 높음
Foreign Matter	**이물질** 돌이나 나뭇가지 등의 이물질로 수확이나 선별과정에서 제거되지 못함. 악영향 정도 : 매우 높음
Cherry Pods	**벗겨지지 않은 체리** 마른 체리 상태로 탈곡이나 선별에서 생성 악영향 정도 : 높음
Severe Insect Damage　　Slight Insect Damage	**벌레먹은 콩** 해충에 의해 구멍이 1개 이상 뚫린 콩으로 3개 이상일 때는 심각한 영향을 줄 수 있음. 악영향 정도 : 다소 높음

종류	특성 및 원인
Broken, Chipped, Cut	**깨지거나 눌리고 잘린 콩** 깨진 콩 조각이나 귀퉁이가 깨져 나간 콩으로 잘못된 탈곡이나 과도한 압력에 의해 발생함. 악영향 정도 : 낮음
Immature / Unripe	**미성숙 콩** 덜 익은 체리를 수확하여 발생함. 기계선별로도 제거하기 어려움. 악영향 정도 : 매우 높음
Withered Bean	**마른 콩** 무게가 가볍고 주름져 있으며, 대개 가뭄으로 인해 열매의 성장이 제대로 이루어지지 않을 경우 발생함. 악영향 정도 : 낮음
Parchment	**속껍질(파치먼트)** 파치먼트가 완전히 제거되지 못해 생두에 붙어서 남아 있거나 파치먼트 자체가 섞여 있는 경우로, 불완전한 탈곡이 원인이며 주로 수세식으로 가공한 생두에서 발생함. 악영향 정도 : 높음
Floater	**물에 뜨는 콩** 밀도가 낮아 물에 뜨는 콩으로 표면은 흰색을 띰. 건조나 보관의 문제로 발생할 수 있음. 악영향 정도 : 보통
Shell	**조개 모양 콩** 유전적 원인으로 조개껍질 모양을 하고 있는 기형적인 콩 악영향 정도 : 매우 낮음
Hull / Husk	**벗겨지지 않은 체리 껍질** 마른 펄프 조각. 잘못된 탈곡이나 선별에서 생성됨. 악영향 정도 : 높음

자료 : Green Arabica Coffee Cassification System

2. 생두의 평가

1) 생두의 기간별 분류

(1) 뉴 크롭New Crop

수확 후 1년 미만의 생두를 말하며 더 세분화하면 수확 후 3개월 미만의 생두를 뉴 크롭, 수확 후 1년 미만의 생두를 커런트 크롭Current crop이라 한다. 때에 따라 커피콩의 수확 기간이 길어져 해를 넘길 수도 있으므로 '13`14' 2013년에서 2014년 등으로 표시한다. 적정함수율은 12~13% 유지하고 색상은 짙은 녹색Dark Green color이다.

(2) 패스트 크롭Past Crop

수확 후 1~2년 사이의 생두로 적정 함수량을 벗어나 표면이 약간 누르스름하게 변할 수 있다. 색상은 녹색~옅은 갈색Green-Light Brown color이다.

(3) 올드 크롭Old Crop

수확 후 2년 이상 된 생두로 적정 함수량을 벗어나 향미, 수분이 매우 적다. 색상은 갈색Brown color이다.

뉴 크롭
1년 미만

패스트 크롭
1~2년

올드 크롭
2년 이상

그림 1-22 생두의 기간별 분류

2) 생두의 평가 기준

- 색상 : 짙은 청록색일수록 좋은 평가
- 생산지대 : 고지대일수록 좋은 평가

- 품질 : 결점두가 적게 혼입되어 있고 크기가 균일할수록 좋은 평가
- 크기 : 조건이 동일하다면 사이즈가 클수록 좋은 평가
- 밀도 : 밀도가 높을수록 좋은 평가

3. 스페셜티 커피^{Specialty Coffee}

1) SCAA 분류법

SCAA는 스페셜티 그레이드, 커머셜 그레이드 두 가지로 분류하며, 분류 기준에 의해 결점계수를 환산하여 등급을 분류한다.

그림 1-23 미국 스페셜티 커피 협회 로고

(1) 스페셜티 그레이드^{Specialty Grade}

스페셜티 커피는 결점두가 거의 없어야 하며, 알맹이로 골라야 한다.

Category 1 Primary Defect은 허용되지 않으며 Full Defects가 5개 이내여야 한다.

(2) 커머셜 그레이드^{Commercial Grade}

Category와 관계없이 스페셜티 그레이드 외의 모든 그레이드를 커머셜 그레이드라 말한다. 프리미엄 그레이드는 의미를 두지 않는다.

표 1-11 스페셜티 커피 분류 기준

항목	내용
샘플 중량	생두 : 350g
	원두 : 100g
수분 함유량	수세식 : 10~12% 이내
	자연건조 : 10~13% 이내
콩의 크기	편차가 5% 이내일 것
로스팅의 균일성	Specialty Coffee는 Quaker를 허용하지 않음
향미 특성	향미 결점이 없어야 함(No Fault & Taints)

케이커Quaker

충분히 익지 않아 로스팅 후 색깔이 다른 콩과 구별되는 덜 익은 콩을 말한다.

표 1-12 SCAA 기준법

등급	등급 명칭	결점두 수	Cupping Test
Class 1	Specialty Grade	0~5	90점 이상
Class 2	Premium Grade	0~8	80~89점
Class 3	Exchange Grade	9~23	70~79점
Class 4	Below Standard	24~86	60~69점
Class 5	Off-Grade	86 이상	50~59점

표 1-13 Full Defect 환산표

Catagory I		Catagory II	
Primary Defects	Full Defect	Secondary Defects	Full Defect
Full Black	1	Partial Black	3
Full Sour	1	Partial Sour	3
Dried Cherry / Pod	1	Parchment / Pergamino	5
Fungus Damaged	1	Floater	5
Severe Insect Damaged	5	Immature / Unripe	5
Foreign Matter	1	Withered	5
		Shell	5
		Broken / Chipped / Cut	5
		Hull / Husk	5
		Slight Insect Damaged	10

2) CoE^{Cup of Excellence}

비영리 국제 커피 단체인 ACE^{Allience for Coffee Excellence}에서 운영하는 세계 최고 권위의 커피 품질 경쟁대회이자, CoE 타이틀을 획득한 커피를 인터넷 경매로 판매하는 옥션 프로그램이다. 특정 국가의 각 농장에서 출품한 그 해에 생산된 생두는 국내와 국제 심판관에 의해 3주간 5회에 걸쳐 커핑심사를 받게 된다. 최종 라운드에서 커핑점수 85점 이상을 받은 극소수의 커피만이 최고 권위와 명예의 Cup Of Excellence 타이틀을 부여받게 된다(2012년 이전 84점). 스페셜티 커피를 뛰어넘는 최상급 커피이다.

그림 1-24 CoE 인증 스티커와 포장 박스 겉면

3) CoE 회원국

2013년 현재 회원국은 총 11개국으로, 볼리비아, 브라질, 부룬디, 콜롬비아, 코스타리카, 엘살바도르, 과테말라, 온두라스, 멕시코, 니카라과, 르완다이다. 2013년에는 볼리비아를 제외한 10개국이 참가했다.

4) CoE 선발과정

3단계 과정으로 대회가 이루어지는데, 1단계는 출품 생두의 예선심사로 생두의 육안 검사와 커핑으로 진행되며, 2단계는 주관 국가의 커퍼Cupper로 구성된 국내심판단의 약 5일에 걸친 커핑심사로 진행된다. 3단계는 국제 커피전문가로 구성된 국제심판단의 심사로 85점 이상을 받은 커피가 CoE를 수상하게 된다.

4. 기타 인증마크

1) 열대우림동맹Rainforest Alliance

열대우림동맹은 개인, 단체, 기업과 함께 일하고 있는 국제 비영리 단체로 지속 가능한 환경 친화적인 산업을 위한 포괄적인 원칙과 기준을 세워 사라져가는 다양한 생물과 토양 보존을 위해 설립된 단체이다. 주로 코코아, 커피, 과일, 차 등의 농산물에 인증을 준다. 이와 함께 생태계 보존, 야생동물 보호 및 정당한 계약과 적절한 노동조건 보장 등의 기준을 준수한 제품에 대한 인증을 주고 있다.

이 인증은 미래 세대를 위해 친환경 농업으로 커피를 재배하고 생태계 보존에 힘쓰는 커피에 부여한다.

2) 버드 프렌들리Bird Friendly

스미소니언 철새센터SMBC는 그늘재배로 경작된 커피에 셰이드 그로운shade grown 인증 라벨을 주고 있다. 버드 프렌들리 인증은 커피나무를 경작할 때 커피나무 외에 키가 큰 나무를 심어 경작하는 그늘 경작법에 의해 다양한 새들의 서식지가 제공되어 새를 보호할 수 있다. 이런 유기농 커피를 재배할 수 있는 환경에서 재배되는 커피에게 주는 인증제도이다.

3) 공정무역Fair Trade

커피 생산자와 소비자 간의 공정한 거래를 통해 유통되는 커피를 말한다. 공정무역 커피는 공정한 거래를 통해 최저 가격을 보장하고 아동의 노동력 착취를 반대하고 질 낮은 로부스타 종 재배를 지양하며 생태계 보존을 고려한 유기농 커피이다.

4) UTZ 인증

UTZ 커피 생산에 관해 세계적인 인증 프로그램을 실시하고 있으며, 인증된 기관들에게는 기술적 지원과 커피 농장 경영에 능률을 높일 수 있도록 컨설턴트 역할을 하고 있다. 더 나은 농업, 더 나은 미래라는 콘셉트로 지속 가능한 환경과 생산자와 구매자 모두를 위한 더 나은 삶에 기여하는 넓은 의미의 환경인증이다.

5. 디카페인 커피

1) 디카페인 커피

카페인을 90% 이상 제거한 경우에 '무無카페인 커피' 또는 '디카페인 커피Decaffeinated Coffee'라고 표기한다. 디카페인 커피는 1819년 독일의 화학자 룽게Friedrich Ferdinand Runge에 의해 최초로 카페인 제거 기술이 개발되었고, 상업적 규모의 카페인 제거 기술은 1903년 로셀리우스Ludwig Roselius에 의해 개발되었다.

2) 디카페인 커피 제조 공정

(1) 용매 추출법
- 공정 : 벤젠, 클로로포롬, 디클로로메탄, 트리클로로 에틸렌 등의 유기 용매로 카페인을 제거하는 방식
- 특성 : 용매의 잔류에 의한 안전성 문제와 카페인의 용해성, 낮은 비등점과 용매 제거의 문제점이 있다. 97~99%의 카페인 제거율을 보인다.

(2) 물 추출법
- 공정 : 생콩에 물을 통과시켜 카페인을 제거하는 방식

- 특성 : 추출 속도가 빨라 회수 카페인의 순도가 높고, 유기용매가 직접 생콩에 접촉하지 않아 안전하며 경제적이며 가장 많이 이용되고 있다.

(3) 초임계 추출법

- 공정 : 초임계 상태에서 CO_2는 액체상태가 되며 생두에 침투해 카페인을 제거하는 방식.
- 특성 : 유해물질의 잔류 문제가 없고 카페인의 선택적 추출이 가능하지만, 설비에 따른 비용이 많이 드는 단점이 있다. 카페인의 함량은 0.02% 이하이다.

🍵 초임계 상태

보통 이산화탄소는 기체이지만 압력을 가해 기체와 액체의 양쪽 성질을 모두 지닌 상태, 즉 초임계 상태로 만들거나 액체 상태로 만들어 사용한다. 위의 세 가지 중 초임계 상태에서 카페인 제거율이 가장 높다.

4절
세계 커피 원산지의 특징

1. 세계 3대 커피

1) 자메이카 블루 마운틴 Blue Mountain

자메이카 동쪽의 블루 마운틴 지역에서 생산되는 커피로 해발 2,000m 이상 고산지대에서만 경작된다. 수확 시기는 8~9월이고, 워시드 프로세싱으로 가공한다. 생두의 크기는 큰 편으로 국내에선 no.1이 주로 유통되고 있다.

☆ 로스팅 포인트는 보통 하이~시티로 볶는다.

2) 하와이 코나 Hawaiian Kona

자메이카의 블루마운틴, 예멘의 모카 마타리와 더불어 세계 3대 커피로 인정받는 코나는 낮은 고도임에도 불구하고 기후, 해발고도, 화산재 토양 등의 재배환경이 좋아 품질이 우수하다. 코나 블렌딩으로 표기하려면 코나 커피가 최하 10% 이상 들어가야만 '코나'라는 명칭을 사용하도록 한다. 생두의 스크린 사이즈가 19 이상인 Kona Extra Fancy가 최상급으로 분류된다.

☆ 로스팅 포인트는 보통 풀시티가 일반적이다.

3) 예멘 모카 마타리 Yemen Mocha Mattari

예멘에서 생산되는 생두 중에서도 베니 마타르 Bani Mattar 지역의 최고급 품종을 '모카 마타리'라 불러 흔히들 3대 커피로 '예멘

모카 마타리'라고 한다. 빈센트 반 고흐가 가장 좋아했다는 커피로 알려져 있다. 과일 향과 함께 신맛이 좋으며, 좋은 바디를 갖고 있다.

☆ 로스팅 포인트는 하이~프렌치로 볶는다.

2. 세계의 커피들

1) 파나마 에스메랄다 게이샤Panama Esmeralda Geisha

자스민, 베리류 특유의 강한 꽃 향기가 입안가득 풍부하게 살 아나며, 과일에서 나오는 좋은 신맛과 단맛이 일품으로 알려져 있다. 게이샤 중에도 에스메랄다 농장에서 생산되는 게이샤를 가장 으뜸으로 치고 있다.

☆ 로스팅 포인트는 시티 정도가 일반적이다.

2) 브라질Brazil

세계 커피 생산량의 약 1/3을 생산하고 있는 브라질은 최대 생 산국이자 수출국이다. 브라질 커피는 주로 에스프레소 베이스 블렌딩에 많이 사용되며 주요 산지로는 미나스 제라이스Minas Gerais, 상파울루San Paulo, 에스피리투 산토Espirito Santo, 파라나Parana 등이 있다. 커피의 등급은 생두 300g당 결점두의 개수에 따라 5등급으로 no.2 ~ no.6로 구분한다.

☆ 로스팅 포인트는 시티와 풀 시티의 중간쯤으로 하는 것이 일반적이다.

3) 콜롬비아 수프리모Colombia Supremo

콜롬비아는 마일드커피의 대명사로 세계 2위의 생산량을 자랑 한다. 엷은 청록색에 볶은 커피는 향이 진하고 부드럽고 밸런

스 있는 중량감과 균형 잡힌 산미를 지니고 있다. 콜롬비아커피생산협회에서 커피 홍보를 위해 만들어낸 당나귀에 커피를 싣고 오는 후안발데즈 아저씨 캐릭터로 더욱 유명하다.

☆ 로스팅 포인트는 시티 정도가 일반적이다.

Café de Colombia

4) 인도네시아 만델링Indonesia Mandheling

전 세계 생산량 순위 4번째로 많은 커피를 생산하고 있으나 아라비카 종은 전체 생산량의 약 1/10 정도이다. 부드럽고 깊은 바디와 밸런스로 좋은 인정을 받고 있다. 생두는 선명한 푸른색을 띠며 크고 단단한 편이다.

☆ 로스팅 포인트는 풀 시티가 일반적이다.

5) 케냐 더블에이Kenya AA

케냐마운틴의 해발 1,500~2,100m 고산지대에서 경작되는 케냐는 아프리카 최고라고 찬사받을 정도로 생산관리나 품질관리, 유통관리 면에서 가장 우수한 커피생산국으로 인정받고 있다. 크기에 따라 AA, AB, C 등으로 등급이 구분된다. 풍부한 깊은 향과 과일의 달콤한 신맛, 좋은 밸런스를 갖고 있다.

☆ 로스팅 포인트는 시티와 풀 시티의 중간쯤으로 하는 것이 일반적이다.

6) 에티오피아 예가체프Ethiopia Yirgacheffe

에티오피아 남부 시다모 현의 예가체프 지역에서 생산된다. '커피의 귀부인'이라는 칭호가 아깝지 않을 만큼 꽃향기와 부드러운 과일의 신맛이 일품이다.

☆ 로스팅 포인트는 하이 또는 시티로 하는 것이 일반적이다.

7) 코스타리카 타라주Costa Rica Tarrazu

쿠바를 통해 1779년 소개되어 1808년부터 재배하기 시작했다. 코스타리카에서 생산되는 커피를 총칭해서 타라주라고 한다. 해발 1,600~1,700m 이상에서 재배되며 가공방법은 워시드 프로세싱을 사용하여 생산한다. 코스타리카는 법적으로 아라비카 종만을 재배하기 때문에 정부의 관리감독이 철저하다. 신맛, 감칠맛, 초콜릿 맛이 특징이며, 밸런스가 훌륭한 커피로 여름에 아이스커피로도 훌륭하다.

☆ 로스팅 포인트는 시티와 풀 시티의 중간쯤으로 하는 것이 일반적이다.

8) 과테말라 안티구아Guatemala Antigua

과테말라는 1750년경에 커피가 도입되어 19세기 초 본격적인 커피생산을 시작하였다. 비옥한 화산재 토양에서 고급 커피를 생산하는 나라이다. 안티구아시 인근 지역에서 생산되고 있는 안티구아 커피는 스모크커피의 대명사이다. 경작고도에 따라 7등급으로 나뉘며 해발고도 1,370m 이상에서 경작되는 것을 최고의 등급 '과테말라 SHB'로 부른다. 스모크 향과 깊고 풍부한 향, 진한 다크 초콜릿 맛으로 유명하다.

☆ 로스팅 포인트는 시티와 풀 시티의 중간쯤으로 하는 것이 일반적이다.

로스팅 8단계

| 라이트 | 시나몬 | 미디엄 | 하이 | 시티 | 풀 시티 | 프렌치 | 이탈리안 |

표 1-14 국제커피기구(ICO)에서 분류한 커피의 종류

아라비카 (Arabica)	마일드 (Mild)	콜롬비안 마일드 (Colombian Mild)	세계 총 생산량의 15~20% 내외
			콜롬비아, 케냐, 탄자니아 등
		기타 마일드 (Other Mild)	세계 총 생산량의 20~25% 내외
			코스타리카, 멕시코, 과테말라, 하와이, 자메이카 등
	브라질리안 내추럴 (Brazilian Natural)		세계 총 생산량의 25~30% 내외
			에티오피아, 브라질, 예멘 등
로부스타(Robusta)			세계 총 생산량의 30~35% 내외
			콩코, 가나, 베트남, 태국, 아고라 등

3. 주요 생산지별 커피 수확시기

범례: ■ 수확 기간 ■ 최적 수확 기간 = B ■ 배송 기간 ■ 최적 선적 기간 = B

지역	국가	1월	2월	3월	4월	5월	6월	7월	8월	9월	10월	11월	12월
중앙아메리카 및 남아메리카	볼리비아							수	B	B	B	수	
		배									B	B	B
	브라질					수	B	B	B	B			
		B	B	B	배			배			B	B	B
	콜롬비아	수		수	B	B					B	B	B
		B	B			B	B	B					B
	코스타리카	B	B	B									B
		배	배	배	배	배							
	과테말라	B	B	B									B
			배	배	배	배	배	배					
	온두라스	B	B										B
		배	배	배									
	멕시코	B	B	B								B	B
		배	배	배	배	배	배	배	배				
	니카라과	B	B	B									B
		배	배	배	배	배	배						
	파나마	B	B	B									
			배	배	배	배	배	배					
	페루							수	B	B	B		
											배	B	B
	엘살바도르	B	B	B									B
			배	배	배	배	배						
인도	인도	B	B	수									
				B	B	B	B						

지역	국가	1월	2월	3월	4월	5월	6월	7월	8월	9월	10월	11월	12월
태평양	파푸아 뉴기니						B	B	B				
										B	B	B	B
	하와이	B									B	B	B
		B	B									B	B
인도네시아	자바							B	B	B			
										B	B	B	B
	술라웨시							B	B	B			
		B									B	B	B
	수마트라	B	B	B							B	B	B
		B	B	B	B	B							
	동티모르						B	B	B				
										B	B	B	B
아프리카	에티오피아	변화									변화		
			B	B	B	B	B						
	케냐	B	B				B	B				B	B
			B	B					B	B			
	탄자니아										B	B	B
		B	B									B	B
	우간다										B	B	B
		B	B									B	B
	예멘										B	B	B
		B	B	B	B							B	B
	짐바브웨							B	B	B	B		
												B	B
캐리비안	자메이카	B	B										
		B	B	B									
	도미니카 공화국												

자료 : http://www.sweetmarias.com/coffee.prod.timetable.php

1절
분쇄

커피를 추출할 때 원두를 그대로 사용하지 않고 분쇄하는 이유는 물과 접촉하는 표면적을 넓힘으로써 커피의 유효성분이 쉽게 용해되어 나오게 하기 위해서이다. 에스프레소 추출을 위한 분쇄는 다른 추출 방법과 달리 분쇄 입자가 약 0.3mm로 고운 편이며 설탕보다는 가늘게 입도를 맞춘다. 에스프레소용 분쇄 커피는 표면적이 홀빈에 비해 30배 가량 넓어 산패되기 쉬우므로 반드시 추출 직전에 분쇄하도록 한다.

1. 추출 시간과 추출 기구에 따른 분쇄

1) 커피 분쇄 입도에 따른 추출 시간

커피 분쇄 입도가 클수록 물과 접촉하는 입자의 면적이 적고 물이 통과하는 시간이 빨라져 커피의 유효성분이 과소 추출되어 맛과 향이 줄어든다. 반대로 분쇄 입도가 작으면 진한 풍미와 바디를 이끌어낼 수 있으나 지나치게 고운 커피가루는 물과의 접촉 표면적이 넓어져서 추출 시간이 길어지고, 가용성, 고형분과 지방 등이 과다 추출되어 불필요한 잡맛이 나고 쓴맛이 더욱 강조되므로 주의해야 한다.

표 2-1 추출 시간에 따른 분쇄 입자

분쇄 종류	아주 가는 분쇄 very fine grind	가는 분쇄 fine grind	중간 분쇄 medium grind	굵은 분쇄 coarse grind
분쇄 굵기	0.3mm 이하	0.5mm 이하	0.5~1.0mm	1.0mm 이상
적용기구	에스프레소	사이펀	드립식 추출 (1~2인용)	프렌치 프레스
추출 시간	20~30초	1분	약 3분	약 4분

2) 추출 기구에 따른 분쇄도

핸드드립이나 사이펀 같은 경우, 추출하려는 잔 수에 따라 굵기를 조절해야 맛의 편차를 줄일 수 있다.

표 2-2 기구에 따른 적합한 분쇄도

분쇄도 Mesh	고운 굵기 Fine	중간 고운 굵기 Medium Fine	중간 굵기 Medium	굵은 굵기 Coarse
분쇄도 Particle Size 추출 기구 Equipment	 백설탕보다 곱게	 백설탕과 과립형 설탕의 중간	 과립형 설탕	 굵은 설탕
페이퍼 드립 (Paper Drip)		★	★	★
융 드립 (Frannel Drip)			★	★
사이펀 (Syphon)		★	★	★
프렌치 프레스 (French Press)			★	★
퍼콜레이터 (Percolator)				★
더치커피 (Dutch Coffee)		★		
에스프레소 (Espresso)	★			
이브릭 (Ibrik)	★			

🥁 미분

그라인더 밀의 종류와 형태는 다양하다. 전동식 그라인더인 경우 회전수가 빠른 고속 그라인더일수록 열 발생이 많이 일어나며, 날의 형태에 따라 미분의 발생도 차이가 있다. 분쇄 시 나타나게 되는 고운 가루를 미분이라 하는데 미분의 발생률이 높을수록 과다추출이 일어나 쓰거나 불쾌한 맛을 낼 수 있으므로 그라인더 구매 시 미분 발생 여부도 잘 알아보고 구매해야한다.

2. 그라인딩 방식과 종류

그라인더 날의 구조상 크게 블레이드 그라인더(칼날형), 코니컬 커터(원뿔형 날), 플랫 커터(평면 날)로 나뉘며, 산업용 그라인더로 롤 커터가 있다. 분쇄원리에 따라 충격식과 간격식으로 나눌 수 있는데 충격식인 칼날형 날은 고른 분쇄가 어려우며, 간격식으로는 코니컬 커터, 플랫 커터, 롤 커터 등이 있다.

표 2-3 분쇄 원리에 따른 그라인더 날의 형태

분쇄 원리	그라인더 날의 형태		
충격식(Impact)	블레이드 그라인더 (Blade grainder)		가정용
간격식(Gap)	버형 (Burr)	코니컬 커터 Conical cutters	핸드 밀, 에스프레소용 밀
		플랫 커터 Flat cutters	그라인딩 방식 : 드립용 그라인더(맷돌 방식)
			커팅방식 : 에스프레소용 그라인더
	롤 커터 Roll grinder		산업용 그라인더

1) 블레이드 그라인더^{프로펠러식 그라인더}

일자 금속 날개를 회전시켜 원두를 분쇄하는 방식으로, 가정용 믹서기와 비슷한 방식이다. 분쇄 시 그라인더를 흔들면서 분쇄하거나 분쇄 후 거름망을 통해 미분을 제거하면 보다 균일한 입자를 얻을 수 있다.

2) 코니컬 그라인더^{원뿔형 날}

원뿔 모양의 회전하는 수 날과 그 주변을 두르는 고정된 암 날로 구성되어 있다. 원두가 위에서 아래로 내려오면서 분쇄되는 방식으로, 주로 핸드 밀이나 에스프레소 그라인더 날로 이용된다. 분쇄 시 열 발생이 가장 적고, 시간당 분쇄 속도도 빠른 편이다.

3) 플랫 커터^{평면 날}

움직이는 회전 톱니와 고정 톱니로 구성되어 있다. 커팅 방식의 밀과 2개의 평면 날이 톱니처럼 맞물리면서 분쇄하는 맷돌 방식이 있다.

4) 롤 커터^{산업용 그라인더}

롤 모양의 2개의 날이 짝을 이루어 회전하면서 분쇄하는 방식으로, 표면이 톱니 모양으로 되어 있다. 롤 그라인더는 원두를 신속하고 균일하게 분쇄할 수 있고, 고속으로 회전하는 데 비해 열 발생이 적어 향미 보존에도 좋은 결과를 보여 산업용 밀로 이용된다.

2절
커피추출

1. 커피추출의 개념

커피추출이란 물과 분쇄된 커피와의 접촉시간, 추출도구 등에 따라 커피가 갖고 있는 고유의 좋은 성분을 뽑아내는 것으로, 물이 커피 입자 속으로 스며들어 커피 성분 중 물에 녹는 약 26%의 가용성 성분이 용해되고, 용해된 성분들이 커피 입자 밖으로 확산擴散,Diffusion되는 과정이다. 뜨거운 물은 볶은 커피의 가용성 향미 성분의 약 80%를 추출할 수 있는데, 보통 향기, 상큼한 맛, 달콤한 맛 등 좋은 성분은 먼저 추출되고, 떫은맛이나 쓴맛 등 좋지 않은 성분은 물과 오래 접촉하면서 천천히 추출된다.

2. 좋은 커피를 위한 추출조건

1) 수율과 농도

(1) 적정한 수율

수율은 커피의 가용성 고형 성분이 물에 용해되어 이동한 양을 나타낸다. 추출된 커피의 TDS 즉, 총 용존 고형분을 나타낸다.

　커피성분 중 물로 추출할 수 있는 26% 중에서 18~22%를 뽑아내는 것이 가장 이상적이라 볼 수 있다. 수율이 18%보다 낮으면 과소추출이 일어나 견과류 등의 풋내가 연출되기 쉽고, 22%를 초과하면 과다추출이 일어나 쓰고 떫은 맛이 나기도 한다.

☕ 추출 수율(%) = $\dfrac{\text{추출된 원두 성분량}}{\text{투입된 원두량}} \times 100$

(2) 적정한 농도

커피의 적정한 농도는 1150~1350 TDS로 SCAA의 'Brewing Control Chart커피추출도표' 를 보면 대략적으로 1250 TDS, 즉 1.25%에 해당한다. 커피의 농도가 1.15%보다 낮으면 약한 맛이 나게 되고, 1.35%보다 높으면 너무 강한 맛을 내게 된다.

🫘 협회별 수율과 농도
· SCAA(미국스페셜티커피협회) : 수율 18~22%, 농도 1.15~1.35% 사이
· SCAE(유럽스페셜티커피협회) : 수율 18~22%, 농도 1.2~1.45% 사이
· 노르웨이협회 : 수율 18~22%, 농도 1.3~1.55% 사이

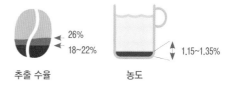

추출 수율 26% 18~22% 농도 1.15~1.35%

2) 물의 품질과 종류

(1) 좋은 품질의 물

물은 바로바로 급수하여 신선하고 이미·이취 및 불순물이 없어야 한다. 한번 끓인 물은 되도록 다시 끓여 사용하지 않도록 한다.

(2) 물의 종류

① 경수硬水, hard water

칼슘 이온calcium ion과 마그네슘 이온magnesium ion, 중탄산염Ca, Mg(HCO₃)₂, 염화물Ca, MgCl₂, 황산염Ca, MgSO₄이 비교적 다량 함유되어 있는 경도硬度가 높은 물로, '센물' 이라고도 한다. 염류를 비교적 다량으로 함유한 물알칼리성은 바디가 높고 쓴맛이 나는 커피가 추출된다.

경수가 커피 머신에 끼치는 영향은 물속에 함유된 칼슘광물질 성분이 보일러 내부 벽에 흡착되어 물을 끓이게 되면 히터의 표면에 녹아 용착되어 히터를 손상시킨다.

② 연수軟水, soft water

칼슘 이온과 마그네슘 이온 함량이 적고 경도硬度가 낮은 물로, '단물'이라고도 한다. 경도가 0~50이면 연수, 50~100이면 보통 연수, 100~150이면 약연수라 하고, 그 이상은 경수로 취급한다.

연수는 염류 함유량이 적은 물로 신맛과 마일드한 맛의 커피가 추출된다. 경수를 연수로 만들기 위해서는 연수기를 설치해야 한다. 무기질이 50~100ppm 정도 함유되었을 때 커피 맛이 가장 좋다고 알려져 있다.

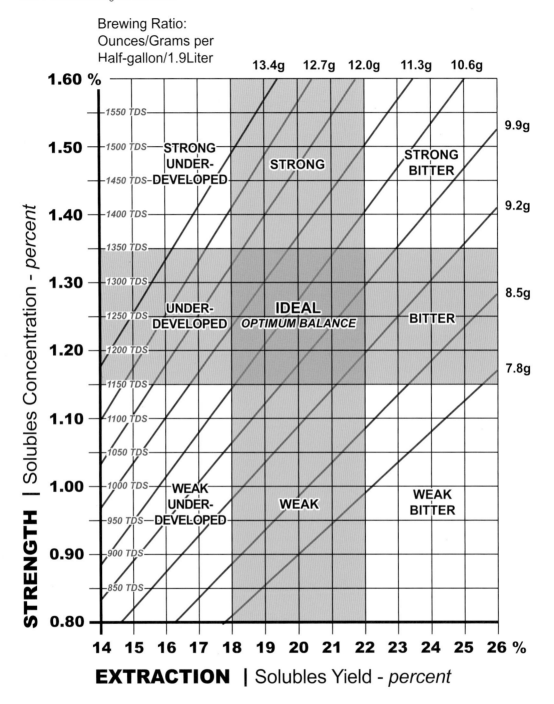

3) 물의 온도

추출 적정 온도는 90± 5℃로 분쇄도나 로스팅 정도 등에 따라 물의 온도를 달리한다. 물의 온도가 높을수록 과다추출되어 쓴맛이나 불쾌한 맛이 나는 커피가 추출되고, 물의 온도가 낮을수록 가용 성분이 적게 추출되어 상대적으로 맛이 연하고 밍밍해진다.

4) 추출 시간

커피와 물이 접촉하는 시간에 따라 커피의 품질은 매우 달라진다. 커피속의 화합물들은 추출 시간에 따라 물에 녹아 나오는 속도와 양은 매우 다르다. 또한 추출시간은 커피의 농도와 향미의 균형에도 큰 변화를 가져온다. 시간이 너무 짧으면 농도가 약하고 향미가 약한 추출이 되고, 시간이 너무 길면 쓰고 떫은맛이 나와 불쾌한 맛을 연출하게 된다.

5) 분쇄 입자

과소추출과 과다추출이 되지 않게 하기 위해서는 추출 방법과 기구에 적합한 분쇄를 해야한다. 추출 시간이 긴 추출도구는 상대적으로 추출시간이 짧은 기구에 비해 굵게 분쇄한다.

3장
에스프레소

1절
에스프레소

1. 에스프레소^{Esspresso}

에스프레소는 압력에 의해 추출된 커피를 말한다. 8~10bar의 압력이 90~95℃의 뜨거운 물과 함께 14±2g의 커피 층을 통과하면서, 20~30초 사이에 약 30mL를 추출한다. 에스프레소는 하단에 커피액과 함께 미세한 오일방울로 형성된 크레마^{Crema}로 되어 있다. 사용되는 커피의 양은 포터 필터 바스켓 크기에 따라 달라진다.

표 3-1 에스프레소의 추출 범위

범위 요소	내용	범위 요소	내용
투샷 기준	14 ± 2g	추출 압력	9 ± 1bar
추출 시간	25 ± 5초	물의 온도	90~95℃
추출 양	30mL(1oz) 25 ± 5mL	pH	5.2(약산성)

2. 바리스타^{Barista}

바리스타란 'Bar 안에 있는 사람' 이란 의미로, 좋은 에스프레소를 추출하고 음료를 제조하는 사람을 말한다. 좋은 에스프레소를 위해 좋은 원두의 선택과 철저한 관리가 필요하며, 고객의 취향을 만족시키기 위해 서비스 부분도 신경 써야 한다. 또한 머신의 문제 발생에 대한 대응 능력을 갖추고 있어야 한다.

3. 크레마crema

에스프레소 커피액 표면에 보이는 캐러멜 색상의 고운 오일 거품을 크레마라고 부른다.

에스프레소 머신의 압력을 이용해 뜨거운 물이 커피 가루를 통과하면서 생성된 거품으로 에스프레소 관능 평가에 중요한 요소이다. 크레마는 에스프레소의 온도 가 빨리 식지 않도록 해주며, 향이 날아가지 않게 잡아주는 역할을 한다.

4. 에스프레소 추출을 위한 용품

에스프레소 추출에는 머신과 그라인더 외에 포터필터가 필요하며, 포터필터의 안에 있는 커피 가루 표면을 눌러 평평하게 다져주는 템퍼가 필요하다. 또한 추출되어 나오는 에스프레소를 받거나 양을 잴 수 있는 샷 글라스가 있다. 에스프레소 서빙 시에는 데미타세 잔에 제공한다.

1) 템퍼Temper

팩커Packer라고도 하며, 포터필터 안에 담겨진 커피가루를 수평하게 눌러주는 역할을 한다. 커피가루 표면이 수평이 되지 않을 경우 그룹헤드에서 나오는 뜨거운 가압온수가 한쪽으로 쏠려 원활한 추출이 어렵다. 템퍼의 베이스 모 양에 따라 플랫Flat, 커브Curve, 리플Ripple 형이 있다.

(1) 플랫형 템퍼 : 완전 Flat과 C-Flat이 있다.

① **Flat** : 템퍼의 바닥면이 완전 평면으로 되어 있다. 숙련된 바리스타라면 원하는 추출 의도 에 맞게 가장 이상적인 추출이 가능하다.
② **C-Flat** : 완전 평면인 베이스에 가장자리만 커브로 되어 있으며, 바스켓과 분쇄원두의 밀 착력을 높여준다. 숙련도가 좀 떨어진 바리스타 누구나 사용하기 쉽다.

(2) 커브^{Curve}형 템퍼

커브형 템퍼의 장점은 템핑 시 바스켓과 밀착력을 높여 좀 더 균일한 템핑이 가능하다.

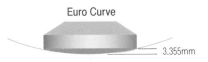

① **Euro Curve** : 베이스 바닥면이 둥글고 베이스 둘레로부터 3.355mm 더 올라온 볼록한 모양의 템퍼로 유럽 추출 성향에 맞춰져 있다.

② **U.S Curve** : 베이스 바닥면이 둥글고 베이스 둘레로부터 1.661mm 더 올라온 볼록한 모양의 템퍼이다.

(3) 리플^{Ripple}형 템퍼

베이스 바닥면이 물결 모양으로 되어 있다.

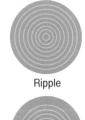

① **리플** : 물결 사이로 가압수가 골고루 잘 스며들게 한다.

② **C-리플** : 리플형의 장점과 커브형 템퍼의 장점을 살려 바스켓과 커피가루의 밀착력을 높여준다.

2) 샷 글라스^{Shot glass}

에스프레소 추출 시 정량을 확인할 수 있도록 눈금이 표시되어 있으며, 에스프레소의 시각적 품질 평가에 도움을 준다. 한 줄로만 표시되어 있는 잔은 약 30mL에 해당한다. 재질은 보통 강화유리로 되어 있어 쉽게 깨지지 않고, 커피가 빨리 식지 않도록 두껍다. 눈금은 글라스 제작 시 인쇄 오류로 인해 오차가 있을 수 있으므로 매스실린더와 같은 정확도 높은 기구를 통해 용량을 측정하도록 한다.

3) 데미타세^{Demitasse}

에스프레소를 담는 잔으로 용량은 60~70mL 정도이다. 보통 흰색 도기로 되어 있고, 잔 안쪽이 U자형으로 되어 있어 추출 시 자연스럽게 튀지 않고 안쪽으로 채워지도록 되어 있다. 에스프레소가 빨리 식는 얇은 유리나 스틸 재질의 사용은 피한다.

5. 에스프레소 추출 순서

1) 추출 순서도

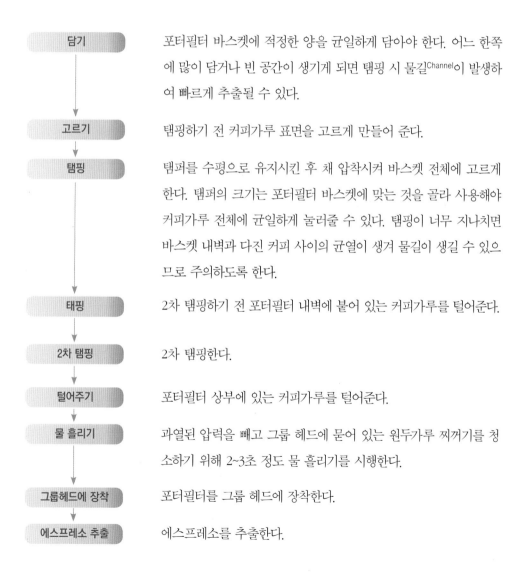

담기 — 포터필터 바스켓에 적정한 양을 균일하게 담아야 한다. 어느 한쪽에 많이 담거나 빈 공간이 생기게 되면 탬핑 시 물길Channel이 발생하여 빠르게 추출될 수 있다.

고르기 — 탬핑하기 전 커피가루 표면을 고르게 만들어 준다.

탬핑 — 탬퍼를 수평으로 유지시킨 후 채 압착시켜 바스켓 전체에 고르게 한다. 탬퍼의 크기는 포터필터 바스켓에 맞는 것을 골라 사용해야 커피가루 전체에 균일하게 눌러줄 수 있다. 탬핑이 너무 지나치면 바스켓 내벽과 다진 커피 사이의 균열이 생겨 물길이 생길 수 있으므로 주의하도록 한다.

태핑 — 2차 탬핑하기 전 포터필터 내벽에 붙어 있는 커피가루를 털어준다.

2차 탬핑 — 2차 탬핑한다.

털어주기 — 포터필터 상부에 있는 커피가루를 털어준다.

물 흘리기 — 과열된 압력을 빼고 그룹 헤드에 묻어 있는 원두가루 찌꺼기를 청소하기 위해 2~3초 정도 물 흘리기를 시행한다.

그룹헤드에 장착 — 포터필터를 그룹 헤드에 장착한다.

에스프레소 추출 — 에스프레소를 추출한다.

2) 에스프레소 추출

(1) 잔 점검

잔은 보통 40℃ 정도로 예열하여 음용하기 좋게 준비한다.

(2) 포터필터 분리 / 물기 제거

포터필터 중앙에서 왼쪽 방향으로 45도 또는 8시 시계 방향으로 돌려 분리한 후 반드시 마른 행주나 리넨으로 물기를 닦아준다.

(3) 분쇄

그라인더 거치대에 포터필터를 올려놓고 그라인더를 작동시킨다.

(4) 분쇄 원두 받기Dosing / 분쇄 원두 고르기Leveling

❶ 레버를 규칙적으로 당겨 바스켓에 분쇄된 원두가루를 담는다. 이때 레버를 너무 강하게 당기지 않도록 주의하면서 일정한 속도로 당겨준다.

❷ 포터필터에 평평하게 분쇄 원두가 담기도록 탬퍼의 뒷면을 이용하거나 주먹진 손으로 가볍게 쳐서 표면을 어느 정도 고르게 한 후 상부에 올라온 남는 커피가루는 손이나 도저 뚜껑을 이용해 도저 안으로 깎아낸다.

(5) 패킹Packing

❶ 1차 탬핑은 약 2~3kg의 압력으로 커피가루를 탬퍼로 눌러 커피가루 표면의 균형을 맞춰준다.

❷ 1차 탬핑 후 태핑을 한다. 탬퍼의 뒷부분을 이용해 포터필터 가장자리를 가볍게 쳐주어 바스켓 가장자리에 붙어 있는 커피가루를 떨어뜨려 준다.

❸ 2차 탬핑은 약 13kg의 압력으로 균형을 유지한 채 눌러준다.

❹ 개스킷과 접촉하는 포터필터 가장자리 면을 손으로 쓸어 주면서 묻어 있는 커피가루를 넉박스 위에 털어낸다.

(6) 물 흘리기

추출하기 전 물 흘리기를 2~3초 정도 해줌으로써 안쪽의 압력을 낮춰주고 먼저 추출했던 커피 찌꺼기를 빼준다. 너무 오래 물 흘리기를 할 경우 보일러에 찬물이 채워지면서 물의 온도가 떨어질 수 있으므로 주의한다.

(7) 포터필터 그룹 헤드에 장착하기

포터필터를 45도 왼쪽으로 돌린 상태로 수평하게 위로 올려 장착한다.

(8) 에스프레소 시험 추출

장착 후 오랜 시간 지나지 않도록 주의한다.

(9) 컵 닦기

데워진 잔의 물을 비우고 마른 행주를 이용해
컵을 닦은 후 머신 상단에 올린다.

(10) 포터필터 청소

❶ 그룹헤드에서 빼낸 포터필터를 넉박스의 중간 고무대에
가볍게 내려 쳐서 사용한 커피찌꺼기puck를 제거한다.

❷ 물 흘려버리기를 통해 포터필터 내부에 남아 있는 찌꺼기
를 제거한다.

❸ 리넨으로 물기를 제거한 후 그룹헤드에 장착한다.

(11) 그라인더 청소 및 주변 정리

❶ 레버를 움직여 그라인더에 남아 있는 커피가루를 제거한다.

❷ 솔을 이용해 그라인더 안에 남아 있는 커피가루를 깨끗하게 청소한 후 넉박스에 버린다.

(12) 포터필터 보관

포터필터는 항상 그룹헤드에 장착시켜두어 포터필터의 온도가 일정하도록 유지시켜 준다.

6. 에스프레소 과소·과다·정상 추출

분쇄 입도와 탬핑의 강도, 원두량, 물의 온도 등에 의해 민감하게 추출되므로, 과소·과다 추출이 일어나지 않도록 주의한다. 에스프레소가 너무 빨리 추출되면 커피 성분이 적게 추출되어 시간이 짧거나 시각상 크레마가 흐리고 얇아 금방 사라져 버리게 되어 검은 액이 보이게 된다. 반대로 커피 성분이 너무 많이 나오게 되면 검붉은 크레마가 나오게 되고 과다하게 쓰거나 불쾌한 맛이 연출되므로 항상 적정 범위 안에서 추출이 이루어지도록 해야 한다.

표 3-2 과소·과다 추출

	과소 추출(Under Extraction)	과다 추출(Over Extraction)
원두 사용량	기준 양보다 적음	기준 양보다 많음
입자의 크기	분쇄 입자가 기준보다 굵음	분쇄 입자가 기준보다 고움
추출 시간	짧은 추출 시간	긴 추출 시간
물의 온도	기준보다 낮음	기준보다 높음
바스켓 필터	구멍이 큰 경우	구멍이 막힌 경우
크레마 상태	크레마가 거의 없거나 금방 사라지는 옅은 갈색	검은 짙은 갈색

7. 에스프레소 원두와 보관

1) 원두

원두가 신선하지 않으면 가늘고 묽은 크레마가 추출된다. 또한 향미를 잃어 밋밋한 커피가 된다. 봉투에 들어 있는 원두는 로스팅 후 10시간 이상이 지나면 이산화탄소의 85% 이상을 배출하여 원두와 산소가 만나 산화되는 것을 막아주는데, 개봉된 원두의 방치는 곧바로 신선도와 직결된다.

원두를 분쇄하면 휘발성 향미 오일의 대부분이 공기에 노출되어 빠르게 향을 잃게 되므로 추출 직전에 바로바로 분쇄하여 남김없이 사용한다.

2) 보관

갓 볶은 원두는 내부의 가스 배출을 위해 2~4시간 정도 상온에 놓아둔 후 밀폐된 용기에 넣어야 한다. 로스팅 후 2~4일 사이에 최대가 되었다가 2주일이 넘어가면 커피의 향과 맛의 감소폭이 커지고 지방 성분은 산소와 결합하여 산패가 촉진된다. 따라서 원두는 공기와의 접촉, 수분, 직사광선을 피하고, 다른 냄새를 흡수하는 것을 최소화하기 위해 플라스틱 용기보다는 밀폐 가능한 금속이나 유리 용기에 밀봉하여 보관한다.

다공질 구조를 갖고 있는 원두는 수분과 음식 냄새를 쉽게 흡수하므로 냉장 보관하지 말고, 신선한 커피를 5~7일 정도 소비할 수 있는 만큼 구입하여 실온에 둔다. 원두는 한꺼번에 보관하지 말고 소량씩 소분하여 보관하는 것이 좋다.

원두의 포장은 산화의 원인인 산소를 제거하기 위하여 진공 포장이나 산소를 1.0% 미만으로 낮추기 위해 불활성 가스인 질소로 치환한 질소 포장, 계속 발생하는 가스를 제거하기 위해 특수 밸브를 달아놓은 밸브 포장, 알루미늄이나 주석 재질의 용기를 사용하여 포장 내부 압력을 견딜 수 있도록 한 가압 포장 방법이 있다.

2절
밀크 스티밍

1. 밀크 스티밍

밀크 스티밍^{Milk Steaming}이란 메뉴에 사용되는 우유를 일정 온도로 데우고 우유거품을 만드는 것으로, 1~1.5bar에 해당하는 스팀 압력을 이용해 부드러운 우유거품을 만들어내는 데 목적이 있다. 잘 만들어진 거품은 쉽게 거품이 사그라지지 않고 커피와 같은 물질과 잘 혼합되어 음용하기 부드럽게 만들어준다. 이러한 우유거품을 벨벳 밀크^{Velvet Milk}나 실키 폼^{Silky Foam}이라 한다. 우유 스티밍 시 우유를 담는 피처는 반드시 차가운 것을 사용한다.

1) 스티밍 피처와 스팀완드

(1) 스티밍 피처

스티밍 피처^{Steaming Pitcher}는 우유를 데우거나 거품을 만들 때 사용하며, 재질은 스테인리스로 되어 있다. 용량에 따라 600mL, 1000mL 등 여러 가지 크기가 있다.

1000mL   600mL   300mL

(2) 스팀 분출 구멍

스팀 구멍은 보통 4개로 넓은 사각 모양의 구멍이나 제조회사에 따라 구멍의 간격이 좁은 것이 있다.

콘티   누오바   시모넬리   라스파지알레   베제라

그림 3-1 제조회사별 스팀 분출 구멍

2) 우유거품 만들기

(1) 우유 붓기

바리스타 자격검정 시 카푸치노 음료를 기본으로 피처 안쪽의 움푹 들어간 선에서 대략 0.5cm 아래로 우유를 넣고 스티밍하면 카푸치노 두 잔을 만들 수 있다.

(2) 스팀 빼주기

스팀완드에는 항상 약간의 물이 고여 있는데 이는 스팀완드 안의 수증기가 물로 변한 것으로 스티밍 전에 빼내고, 사용해야 한다. 젖은 행주로 감싸고 약 2~3초간 노즐을 열어 빼주면 된다.

(3) 거품 만들기

❶ 스팀노즐의 위치는 노즐을 약 30°로 기울인 상태에서 우유의 중앙에 놓고 스팀완드 끝에서 1cm 정도만 담근다. 노즐을 너무 깊이 담그거나 벽면에 닿으면 심한 소음과 함께 공기가 제대로 주입되지 않아 거품이 만들어지지 않고 우유가 끓게 된다.

❷ 공기를 우유에 주입하는 구간으로 주변의 공기를 끌고 우유 안으로 들어가게 되는데, 몇 초간 조금씩 피처를 내리면서 피처 용량의 약 70~80%가 될 때까지 주입하도록 한다.

❸ 스팀완드를 피처의 가운데에서 한쪽으로 2cm 정도 담근 후 공기 주입으로 인해 생긴 우유거품을 우유와 혼합하는 구간이다. 이 구간을 오래할수록 더욱 고운 거품을 만들어 낼 수 있다. 이때 피처의 하단을 손가락으로 계속 만져가면서 우유가 끓지 않도록 온도를 체크한다.

우유는 70℃ 이상 가열되면 가열취加熱臭가 생성되어 좋지 않은 맛이 날 수 있으므로 65℃ 정도가 되면 신속히 스팀노브를 잠근다.

(4) 스팀완드 청소

스팀완드에 묻어 있는 우유는 스팀완드의 열에 의해 금방 굳게 되어 위생에 문제가 생길 수 있다. 또한 우유 찌꺼기로 인해 스팀완드의 구멍이 막힐 수 있으므로 작업 완료 후에는 빠르게 스팀을 분사해서 고여 있는 우유를 제거한 후 젖은 행주로 닦아 낸다.

🫖 **큰 거품 없애기**

스티밍 종료 후에도 거친 거품들이 남아 있다면 스팀 피처의 바닥을 테이블 위에서 2~3회 살짝 내리쳐서 큰 거품을 없앤다. 그런 다음 피처 앞머리를 들고 강하게 회전시켜 윗부분의 우유거품과 아랫부분의 우유가 자연스럽게 섞이도록 해준다.

2. 카푸치노 만들기

스티밍한 피처의 우유를 데워진 다른 피처에 반을 나눠 카푸치노를 만든다. 이때 거품이 한쪽 피처로 쏠려 두 잔이 서로 다르지 않도록 나눈다. 우유를 잔에 부을 때에는 피처를 살짝 들고 컵에 따르고 곧바로 피처를 약 10~15cm 들어주어 우유거품이 커피 아래로 빨려 들어가게 한다. 그런 후 피처를 다시 아래로 내리면서 천천히 동그라미가 생기기 시작하면 피처

| 카푸치노 잔에 에스프레소 받기 | 스푼의 위치 | 바리스타 시험용 카푸치노 4잔 놓기 |

그림 3-2 컵 세팅

그림 3-3 카푸치노 만드는 순서

를 가운데로 밀어주듯이 부어주어 큰 원이 생기게 되면 컵 윗부분에 약간 봉긋할 정도로 붓고 마무리한다.

3. 에스프레소 메뉴

리스트레토
(Ristretto)

에스프레소 추출에 비해 시간을 짧게 추출하여 15~20mL의 적은 양의 에스프레소를 제공한다.

에스프레소
(Espresso)

25~30mL 정도로 추출하며, 30mL를 1온즈^{oz}라 한다.

롱고
(Lungo)

롱^{Long}의 의미로 정상적인 에스프레소보다 추출 시간을 길게 하여 약 40±5mL의 양을 추출한 에스프레소로 제공한다.

도피오
(Doppio)

더블 에스프레소$^{Double Espresso}$의 의미로 투 샷$^{Two Shot}$ 또는 더블 샷이라고 한다. 리스트레또와 에스프레소 모두 도피오 제공이 가능하다.

4. 에스프레소를 이용한 메뉴

스티밍 우유 Steamed milk
에스프레소 Espresso

에스프레소 마끼아또
Espresso Macchiato

휘핑크림 Whipped Cream
에스프레소 Espresso

에스프레소 콘파나
Espresso con Panna

휘핑크림 Whipped Cream
위스키 Whisky
에스프레소 Espresso

아이리쉬
Irish

얇은 밀크폼 Milk foam
스티밍 우유 Steamed milk
에스프레소 Espresso

카페라떼
Cafe Latte

두꺼운 밀크폼 Milk foam
스티밍 우유 Steamed milk
에스프레소 Espresso

카푸치노
Cappuccino

휘핑크림 Whipped Cream
스티밍 우유 Steamed milk
초콜릿 Chocolate
에스프레소 Espresso

카페 모카
Cafe Mocha

스티밍 우유 Steamed milk
캐러멜 Caramel
에스프레소 Espresso

캐러멜 마끼아또
Caramel Macchiato

물 Water
에스프레소 Espresso

아메리카노
Americano

그림 3-4 에스프레소를 이용한 다양한 메뉴

3절
에스프레소 머신과 그라인더

1. 에스프레소 머신의 구조

달라 꼬르테 DCPro

① 전원 버튼main switch

② 컵 워머cup wamer

③ 추출 컨트롤 버튼coffee control buttons

④ 스팀놉steam knob

⑤ 스팀완드 steam wand

⑥ 그룹헤드group Head

⑦ 포터필터two-cup potafilter

⑧ 온수꼭지hot water spigot

⑨ 펌프게이지water pressure gauge

⑩ 보일러게이지boiler pressure gauge

⑪ 드립 트레이drip tray

2. 에스프레소 머신의 부품과 기능

1) 그룹헤드Group Head

포터필터를 장착하는 장치로 샤워필터를 통해 뜨거운 물이 분사된다. 온도 유지를 위해 두꺼운 크롬 도금의 동으로 되어 있다.

2) 포터필터Portafilter

분쇄한 커피가루를 담아 그룹헤드에 장착시켜 에스프레소를 추출하는 기구이다. 54mm 크기의 포터필터는 가정용 머신에 이용되며, 58mm는 주로 상업용 에스프레소 머신에 이용된다. 한 잔용 스파우트와 바스켓이 달린 포터필터와 두 잔용 스파우트와 깊은 바스켓이 달린 포터필터가 있다.

3) 전열기 Heating Element

보일러의 물을 최대 350℃로 가열시켜주는 전열기로 보일러 안에 장착되어 있다.

4) 보일러 Boiler

보일러 내부에 설치되어 있는 전열기가 물을 가열해
주고 저장하여 온수와 스팀을 공급한다. 에스프레소
머신의 보일러는 단일형·개별형·분리형·혼합형 보일
러가 있다.

5) 솔레노이드 밸브 Solenoid valve

에스프레소 머신의 물을 공급하고 차단하는 역할을 한다.

6) 릴리프밸브 Relief Valve

스팀압력이 1.8~2bar 이상 올라가면 상부에 달린 핀이 올라가면서 구멍으로
스팀을 분출시켜 압력을 낮춰준다.

7) 유량계 Flow meter

커피 추출 시 물의 흐름을 감지해 커피 추출
량을 조절해주는 역할을 한다. 가운데 6개의
날개 모양의 자석이 회전하면서 회전수를 조
절한다.

8) 게이지 Gauge

에스프레소 머신의 게이지는 수압계 Pump Pressure Gauge와 스팀압력계 Boiler Pressure Gauge로 되어 있다.
추출 시 게이지를 확인하여 문제가 없는지 늘 점검해야 한다.

(1) 수압계 Pump Pressure Gauge

에스프레소 추출 시 물의 압력을 1bar 단위로 표시해 준다.
$1bar=1.0197kg/cm^2=1kg/cm^2$
$8\sim10bar = 8\sim10kg/cm^2$

(2) 스팀압력계 Boiler Pressure Gauge

스팀압력을 표시해주는 장치로 녹
색으로 사용범위를 표시한다. 스팀
압력이 1.8~2bar 이상으로 과하게
올라가면 릴리프밸브 Relief valve의 상
부 핀이 올라가 구멍 사이로 스팀
이 분출하면서 과열된 압력을 낮
춰준다.

수압계   스팀압력계

9) 펌프Pressure pump

펌프 내 임펠러Impeller가 전기 모터에 의해 작동되며 수압 조절나사로 물의 압력을 조절한다. 상업용 머신과 반자동 머신에 주로 사용된다.

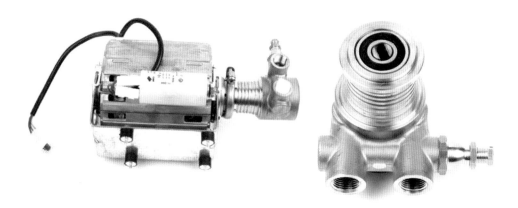

10) 온수 노즐Nozzle

뜨거운 물이 나오는 분사구이다.

3. 에스프레소용 그라인더

에스프레소 그라인더 날은 그라인더에서 가장 중요한 부분으로 두 개가 한 쌍으로 되어 있다. 플랫형 커팅 방식 구조로 커피 입자를 보다 작게 분쇄할 수 있으나, 열 발생이 많아 그라인더 날의 주기가 그만큼 짧아진다. 분쇄 시 열이 많이 발생하므로 사용 시간의 2배 이상의 휴식 시간을 가져야 한다. 간혹 그라인더가 용량 이상으로 작동되고 있는 것을 볼 수 있는데, 그렇게 되면 칼날이 마모되고 모터가 과열되어 커피의 질이 저하된다. 따라서 그라인더 날의 수명은 일반적으로 사용하는 64mm 평면 날을 기준으로 커피 300~400kg을 분쇄했을 때 교환해 주는 것이 바람직하다.

❶ 호퍼 : 원두를 담는 통

❷ 분쇄입자 조절레버 : 숫자가 커질수록 입자가 굵어짐

❸ 도저 : 분쇄된 원두를 보관하는 통

❹ 동작 스위치 : ON/OFF 스위치

❺ 포터필터 받침대

❻ 동작레버 : 분쇄 커피 배출레버

❼ 받침대 : 커피가루 받침대

4. 에스프레소 머신과 그라인더 유지 관리

1) 에스프레소 머신 관리

물만을 이용한 청소는 이물질 제거 및 배관 내 오물이 충분히 제거되지 않으므로 에스프레소 전용세제로 백 플러싱을 이용한 청소를 하게 된다. 백 플러싱Back Flushing이란 포터필터에 장착된 바스켓을 제거하고 구멍이 없는 블라인드 바스켓을 장착한 뒤 약품을 넣고 에스프레소 머신의 압력을 이용하여 배관 내 찌꺼기를 제거하는 청소과정이다. 세제는 배관이나 그룹헤드에 축적된 커피 오일을 제거해 주므로 자주 청소해 주는 것이 좋다.

청소방법

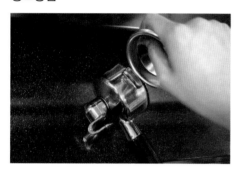

❶ 포터필터에 추출용 바스켓을 제거한 후 블라인드 바스켓Blind basket을 장착한다.

❷ 청소용 약품을 1스푼 약 1~2g 또는 알약 1알을 넣고 그룹헤드에 장착한다.

❸ 연속 추출 버튼을 눌러 머신을 작동시키면 역류하는 소리가 나면서 청소가 시작된다.

❹ 약 10~20초 진행하고 정지시킨 후 약 10초 후 연속 추출 버튼을 눌러 다시 실행한다.

❺ ❹와 같은 방법으로 맑은 물이 나올 때까지 약 10회 실시한다.

❻ 포터필터를 분리하고 찌꺼기를 제거한 후 연속 추출 버튼을 눌러 여러 번 청소한다.

2) 그라인더 관리

종류에 상관없이 모든 그라인더는 사용 후 관리가 매우 중요하다. 특히 날의 청소 관리가 제대로 이루어지지 않을 때 날 사이에 끼는 미분 등이 맛에 악영향을 미치기도 하며, 기계 고장의 발생을 높이기도 하므로 철저한 관리가 필요하다.

그라인더의 날을 분리하기 전에 분리 시작 굵기 조절 다이얼과 분리 직전 굵기 조절mesh 다이얼을 기억하고, 청소 후 조립 시 그대로 맞춘다.

3) 기타 기구 관리

바스켓을 제거한 포터필터와 그룹헤드의 샤워스크린 등은 약품에 일정 시간 담근 후 솔로 문질러 세척한다. 스팀완드 또한 피처에 청소용 약품을 넣고 스팀을 작동시켜 여러 번 청소한다. 스티머 팁을 분리해 핀이나 솔로 구멍을 청소함으로써 굳어 있을지 모를 우유 찌꺼기를 제거할 수 있다.

4장

핸드드립 및 기구를 이용한 추출

1절
핸드드립

핸드드립$^{hand\ drip}$이란 추출 기구를 통해 사람의 손으로 추출하는 것을 의미한다. 동일한 조건 하에 추출하더라도 맛이 각기 달라지므로 특성과 추출방법을 이해해야 한다.

1. 핸드드립에 필요한 기본도구

핸드드립에 필요한 기본 기구로는 커피를 걸러주는 여과지와 여과지를 담는 드립퍼, 커피 액을 담는 서버, 주전자, 계량스푼, 초시계, 온도계 등이 필요하다.

1) 드립퍼

여과지를 넣고 분쇄된 커피를 담는 기구로, 드립퍼^{Driper}의 재질에 따라 플라스틱, 도기, 동, 유리 등이 있다.

| 플라스틱 | 도기 | 금속 | 유리 |

그림 4-1 드립퍼의 재질

☕ 드립퍼의 종류에 따른 형태

드립퍼의 종류	멜리타형	칼리타형	고노형	하리오형
모양	역사다리꼴		원추형	
추출구 갯수	1개	3개	1개	1개
추출 구멍의 형태				

2) 드립포트

드립포트Drip pot는 커피에 물을 부을 때 사용하는 기구로 스테인리스, 동 등의 재질로 되어 있다. 대부분의 드립포트는 직화가 되지 않으므로 불 위에 올려놓지 않도록 주의해야 한다. 주전자는 주둥이 모양에 따라 유속이 달라지므로 용량과 용도에 맞게 선택해서 사용하는 것이 바람직하다.

가늘고 짧은 형태   굵고 짧은 형태   가늘고 긴 형태

그림 4-2 주전자의 종류와 주둥이 모양

3) 서버

서버Server는 추출된 커피를 받는 용기로, 재질은 보통 유리로 되어 있고 용량과 제조사에 따라 크기와 모양이 다르다.

4) 드립필터

드립필터Drip filter는 표백하지 않은 황지와 표백한 백지가 있는데, 물로 표백하기 때문에 인체에 무해하므로 어떤 것을 사용해도 무방하다. 여과지는 드립퍼의 모양에 맞게 선택하여 여유 공간 없이 드립퍼와 여과지가 잘 붙도록 접어 사용한다.

천연 펄프   표백 펄프

● 칼리타/멜리타 필터 접는법

2/4인용 필터 접기
(선에 맞춰서 위쪽으로 접는다.)

뒷면으로 돌린 후 접는다.
(옆면을 아랫면과 반대 방향으로 접는다.)

● 고노/하리오 필터 접는법

2인용 필터 접기
(선에 맞춰서 그대로 접는다.)

4인용 필터 접기
(윗선에서 약간 벗어나게 접는다.)

돌려 시접선이 가운데로 오게 접는다.
(윗선에서 약간 벗어나게 접는다.)

뒷부분에 나온 끝선을
접은 후 마무리한다.

그림 4-3 여과지 접는 방법

5) 기타 준비 도구

드립퍼와 여과지, 서버 외에 온도계, 계량스푼, 초시계, 저울 등이 필요하다.

| 온도계 | 계량스푼 | 초시계 | 저울 |

2. 핸드드립의 물 주입 방법

핸드드립의 물 주입 방법은 나선형과 노(の)자형, 점드립 등이 있으나 물 주입의 각도나 높이가 정해져 있지는 않다. 그러나 추출 드립퍼의 종류나 의도에 따라 과소, 과다 추출이 되지 않도록 주의해야 한다. 추출 전 추출 의도를 설계해 놓고 추출한 후 그 의도에 충실했는지 맞춰보는 것이 좋다.

나선형　　　　　　　노자형(の)　　　　　　　점드립

그림 4-4 물 주입 방식

3. 리브

리브^{Rib}는 물을 주입할 때 드립퍼와 여과지 사이에 공기가 원활히 빠져나갈 수 있도록 도와주는 역할을 한다. 여과지에 물을 주입할 때 리브가 없다면 젖은 상태의 여과지가 드립퍼 면에 달라붙어 커피가 제대로 추출되어 나오기 어렵게 된다.

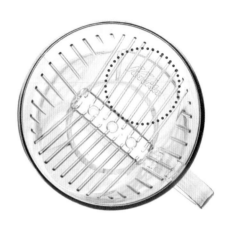

리브로 인해 드립퍼와 여과지 사이에 공간이 생겨 저항이 적어지게 되어 물이 원활히 내려가고 또한 공간 사이로 커피에 있는 가스가 빠져나가게 된다. 추출 후에도 드립퍼와 젖은 여과지가 잘 떨어져 제거하기 쉽게 만들어준다.

2절
기구별 추출 방법

추출 방법에는 크게 끓임법, 드립 여과 추출법, 진공 여과법, 우려내기, 가압 추출법 등이 있다. 추출 시간은 원두의 로스팅 정도, 분쇄 입자, 물의 온도 등에 따라 달라진다.

표 4-1 추출 방식에 따른 기구와 추출 방법

방식	해당 기구	추출 방법
끓임법	체즈베	추출 기구 안에 뜨거운 물과 커피가루를 넣고 저은 후 가열하여 추출하는 방식
드립 여과 추출법	커피 메이커	여과지에 커피가루를 넣고 위에서 뜨거운 물을 통과시켜 커피를 추출하는 방식
	멜리타, 칼리타, 융, 고노, 하리오	
	워터드립 또는 더치커피	상부에 있는 찬물이 중앙부의 커피가루를 한 방울씩 통과하면서 추출되는 방식
진공 여과법	배큐엄 브루어 또는 사이펀	유리 플라스크에 물을 가열하여 발생되는 증기압에 의해 추출되는 방식
우려내기	프렌치 프레스	추출 기구 안에 물과 커피가루를 넣고 일정 시간 기다린 후 마시는 방식
가압 추출법	모카 포트	물을 가열하여 발생되는 압력에 의해 물이 올라가 커피가루를 통과하면서 추출하는 방식

| 멜리타 | 칼리타 | 융 |

| 고노 | 하리오 | 체즈베 |

| 모카포트 | 프렌치프레스 | 사이폰 |

그림 4-5 여러 가지 추출기구

1. 끓여서 우리는 법^{Boiling}

끓여 우려내는 방식은 커피 추출에서 가장 오래된 방법이다. 체즈베^{Cezve}에 물과 커피가루를 넣고 끓이는 방식으로, 이물감을 느끼지 않도록 커피가루의 입자를 곱게 분쇄하여 사용해야 한다.

체즈베에 물과 커피가루를 넣고 저은 후 불 위에 올려 끓인다.
끓기 직전에 불에서 내린다.
다시 불에 올려 끓지 않도록 주의하면서 2~3번 반복한다.

그림 4-6 체즈베 추출 순서

2. 드립 여과 추출법

1) 멜리타Melita

멜리타식으로 불리는 이 기구는 추출 구멍이 한 개로 1908년 독일의 멜리타 벤츠Melitta Bentz에 의해 고안되었다.

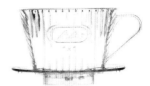

● 1인 기준 : 커피가루 약 8g, 약 120mL 추출

1×1

1인용

1×2

2인용

1×4

4인용

그림 4-7 멜리타 드립퍼의 크기

🔖 사람 수에 맞는 멜리타식 드립퍼를 선택하여 커피가루의 양을 조정하여 넣고 물은 한 번만 부어 1인분, 2인분, 4인분이 되도록 한다.'1 x 숫자'에서 1은 물을 붓는 횟수를 의미하고 숫자는 잔 수를 의미한다.

멜리타사 로고

멜리타 벤츠Melitta Bentz

멜리타 초창기 모델

2) 칼리타^{Kalita}

칼리타식 드립은 다양한 배전도의 커피를 취급하는 일본에서 약 배전의 커피를 맛있게 추출하기 위해 고속 투과가 가능하도록 개량하여 만들었다.

칼리타식 드립법칼리타사의 추천 드립법

● 1인 기준 : 커피가루 약 10g, 약 120mL 추출

❶ 여과지는 먼저 아랫면을 접고 측면 부분을 접어 서로 엇갈리도록 접어 드립퍼에 끼워 넣고 준비한다.

❷ 커피가루를 여과지에 담고 가볍게 흔들어 평평하게 되도록 맞춰 준다. 기호에 따라 커피가루를 더 넣거나 추출 양을 적게 할 수도 있다.

❸ 약 92℃로 맞춘 뜨거운 물을 커피가루 전체가 젖을 정도로 중심으로부터 작게 나선형으로 원을 그리듯 천천히 돌려가며 붓고 20~30초 정도 뜸들이기를 한다. 이때 외벽에 바로 물을 부어 서버로 흘러내려 오게 되면 커피 표면의 쓴맛과 옅은 맛이 추출되기 쉬우므로 여과지에는 물이 직접적으로 닿지 않게 조심해서 붓는다. 커피 상부의 거품이 밑으로 꺼지기 시작할 시점에 다시 물을 붓는다.

❹ 추출하려는 양이 많을 때는 물 온도가 유지되도록 중간에 뜨거운 물을 보충해주는 것도 좋다.

❺ 추출의 80%가 끝나면 마무리로 거품을 끌어올리듯 전체에 돌려가면서 붓고 원하는 양이 되면 드립퍼를 잡고 빈 컵으로 빼놓는다. 적정 추출 시간은 3분 내외이다.

🍵 칼리타식 드립 시 1인 기준 커피 가루 양이 10g이나 실제적으로 1인분을 추출할 때는 커피가루 양을 15~16g 정도로 하여 추출하는 것이 좋다.

그림 4-8 칼리타 드립 순서

3) 융 드립 Frannel drip

융 드립은 융을 이용하는 드립 방식으로 종이 여과지 드립보다 물
과 커피가루가 만나는 시간이 긴 것을 고려해서 과다 추출이 일어
나지 않도록 주의해야 한다.

  새로 구입한 융은 반드시 끓는 물에 삶아 사용하고, 사용한 후에
는 흐르는 물에 깨끗이 씻고 깨끗한 물에 넣어 시원하고 그늘진 곳
에 보관한다. 햇빛에 말리면 건조되는 동안 융에 남아 있던 커피 오일이 산화되어 다음 사용
시 커피 맛의 변질을 가져올 수 있으므로 젖은 상태로 보관하도록 한다. 자주 사용하면 직물
이 끊어지거나 미세한 구멍이 넓어지므로 정기적으로 새것으로 교체해서 사용하도록 한다.

융 드립법 하리오사의 추천 융 드립법

❶ 처음 사용하는 융 필터는 필터에 붙어 있는 풀기를 제거하기 위해 반드시 한 번 끓여 깨
  끗한 물에 헹구어 식힌 다음 물기를 제거하여 사용한다.

❷ 융 필터의 기모起毛, Nap 부분이 안쪽 면에 오도록 하여 필터의 구멍에 필터 링을 넣고 링 전
  체를 돌려가며 융 필터를 세팅한 다음 양 끝단을 교차시켜 링에 고정시킨다.

❸ 융 필터를 포트 위에 놓고 뜨거운 물로 필터와 포트를 예열하고 필터에서 물이 다 빠지면
  커피가루를 넣고 가볍게 흔들어 평평하게 해준다.

❹ 뜨거운 물은 항상 필터에 직접 닿지 않도록 주의하면서 커피가루의 중앙에서부터 바깥쪽
  으로 부어 30초 정도 뜸을 들인 다음 균등하게 드립을 하고 드립이 끝나면 융 필터를 제
  거한다.

❺ 필터 링에서 융 필터를 제거한 후 뜨거운 물로 깨끗이 세척한 다음 물에 담가서 냉장고
  에 보관한다. 융 필터를 마른 상태로 두면 모양이 틀어지고 불쾌한 냄새가 날 수 있으므
  로 주의한다.

그림 4-9 융 드립 순서

4) 고노 Kono drip

고노식 드립은 일본 고노커피사이펀(주)에서 개발된 제품으로 융 드립에 가깝도록 고안되었다.

그림 4-10 고노 드립 기구

고노식 드립법 KONO COFFEE SYPHON

- 고노 드립퍼 : 1~2인용
- 재질 : 아크릴수지, 폴리프로필렌

❶ 커피가루를 여과지에 넣고 드립퍼 안에 끼워 넣고 커피가루 표면이 고르게 되도록 드립퍼를 손으로 살짝 친다.

❷ 서버는 추출하기에 적당한 온도 약 92℃가 되도록 뜨거운 물로 예열한다.

❸ 물을 한 방울씩 중앙을 향해 떨어뜨리며 커피가루 표면을 팽창시킨다. 서버 바닥에 커피가 내려오기 시작하면 가운데를 향해 동전 크기로 붓다가 나선형 방법을 이용해 원하는 양을 맞춰가며 추출한다. 이때 종이필터에 닿지 않도록 주의한다.

❹ 거품이 서버로 빨려 내려가지 않도록 물의 속도나 물줄기의 굵기를 유지하며 필터의 윗부분까지 물을 주입하면서 마무리한다.

그림 4-11 고노 드립 순서

5) 하리오 Hario drip

고노와 같이 원추형 드립퍼이다. 고노의 드립퍼와 같이 추출구가 하나이지만 회오리 모양의 리브로 고노 드립퍼에 비해 빠르게 진행된다. 칼리타 방식과 비슷하게 고속 추출이 되며 빠른 시간 내에 마일드한 느낌의 커피를 추출할 수 있다.

하리오식 드립법(일본 하리오사의 추천 드립법) **HARIO**

● 1인 기준 : 커피가루 약 12g , 약 120mL 추출

❶ 종이 필터의 옆면을 따라 접은 후 드립퍼 안에 끼워 넣는다.

❷ 뜨거운 물로 종이 필터를 적셔 냄새를 없애고 드립퍼를 예열한다.

커피층

❸ 서버에서 물을 따라낸 후 드립 잔 수에 맞춰 드립퍼에 커피가루를 넣고 가볍게 흔들어 평평하게 한다.

❹ 커피가루의 중심에서 바깥쪽을 향해 원을 그리며 뜨거운 물을 붓고 30초 정도 뜸을 들인다. 이때 물줄기가 직접 종이 필터에 닿지 않도록 주의하며 붓는다.

❺ 총 추출 시간은 잔 수에 관계없이 3분 이내로 한다.

❻ 적당량의 커피가 추출되면 드립퍼를 빈 컵에 올려 제거한다.

6) 워터드립 Water Drip

얼음을 넣은 물을 커피가루에 약 1초에 한 방울이 떨어지도록 조정해서 상온에서 약 6~12시간 정도 추출하는 커피로 워터드립 또는 더치커피Dutch Coffee라고 불린다. 찬물을 이용해 추출하므로 다른 기구에 비해 카페인이 적게 추출되지만 전혀 없는 것이 아니므로 카페인이 부담스럽다면 주의해서 마셔야 한다.

또한 장시간에 걸쳐 추출하면서 외부 오염 물질에 노출될 수 있으므로 가급적 사람이 지나다니는 곳이나 먼지 섞인 공기에 노출되지 않도록 주의해야 한다. 맨 위 상부에 물과 얼음을 넣고 중간 유리관에 커피를 핸드드립 1~2인용 굵기보다 곱게 분쇄해서 담고 밸브를 이용해 유속을 조절하면 맨 하단 서버로 커피 액이 떨어지게 한다. 물과 1:1 정도로 희석하여 얼음을 넣어 마시면 된다.

3. 진공여과법^{Vacuum filtration}

증기압과 진공 흡입 원리에 의해 역류하는 물에 커피를 담가 우려내는 방식으로 진공여과 방식 추출기구로는 베큐엄 브루어^{Vacuum Brewer} 또는 사이펀^{Syphon}이 있다.

하부 플라스크의 물을 끓여 증기압으로 인해 장착된 상부 로드에 물을 올려 커피가루에 침출시키고, 불을 끄면 투과가 되어 추출되는 방식으로 침지와 투과가 동시에 이루어진다.

기능뿐만 아니라 시각적인 효과도 겸비하고 있어 고객 만족도 측면에서 긍정적으로 작용한다.

하리오 사이펀 방법 **HARIO**

- 1인분 표준량 (TCA) : 커피가루 약 10g, 사용하는 찬물 혹은 뜨거운 물 120mL, 추출된 커피 100mL

융 필터
(Cloth filter)

여과기
(Filter)

❶ 처음 사용하는 융 필터는 반드시 한 번 끓여서 필터에 붙어 있는 풀기를 제거한 후 사용한다. 필터는 찬물에 담가 차게 해 두고 사용 시에는 타월이나 행주 등으로 물기를 가볍게 제거한 후 사용한다. 단, 일회용 종이 필터인 경우에는 사용 후 제거하여 버린다.

❷ 추출하려는 잔 수에 맞춰서 하단 유리 볼에 뜨거운 물을 붓는다. 이때 하단 유리 볼은 반드시 마른 행주로 닦아 사용한다.

❸ 알코올램프의 심지 길이는 세라믹 링의 끝단에 3mm 정도로 하고 불꽃의 길이는 4cm 이하로 하여 불꽃이 하단 볼의 바닥을 벗어나지 않도록 주의해서 불을 붙인다. 알코올램프가 하단부의 중심에 오도록 위에서 보면서 세팅한다.

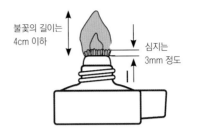

불꽃의 길이는
4cm 이하

심지는
3mm 정도

❹ 융 필터를 상단 볼의 중심에 넣고 쇠사슬을 당겨 갈고리 모양의 후크를 상단 로트에 걸어 유리관 끝에 고정한 후, 뚜껑의 상단 볼 거치대에 꽂아 놓는다.

❺ 계량스푼을 이용하여 잔의 수에 맞춰 커피가루를 상단 볼에 넣는다.

❻ 상단 로트부를 하단 볼에 비스듬히 꽂고, 물이 끓는 것을 기다린다. 물이 끓어오르면 상단 부를 살짝 엎듯이 가볍게 하단 볼에 꽂아 넣는다.

❼ 하단부에서부터 끓는 물이 위로 올라오면 전용 막대로 커피가루를 풀어 주듯이 저어 준다. 그 상태로 1분 정도 계속 가열하며 기다린다.

❽ 천천히 사이펀을 알코올램프에서 분리시킨 후 알코올램프의 뚜껑을 닫아 불을 끈다. 상단 부에서 커피가 자연스럽게 하단 볼로 내려갈 때를 기다리다가 내려오기 시작하면 두 번째로 저어 준다.

❾ 모두 내려오면 한 손으로 스탠드를 움직이지 않게 잘 잡고 상단 로트를 앞뒤로 흔들듯이 움직이면서 뽑아 스탠드에 꽂아 정리한다.

❿ 예열한 잔에 따라 마신다.

그림 4-12 사이펀 추출 순서

4. 우려내기|Infusion

우려내기 추출 기구 중 비교적 간단히 사용할 수 있는 기구로는 프렌치 프레스French press가 있는데, 이것은 티 메이커Tea-Maker, 플런저Plunger, 멜리오르Melior, 프레스 팟Press pot이라고도 부른다. 홍차용 추출기구로 알려져 있으나 본래 커피용으로 개발된 압축식 추출기구이다.

● 1인 기준 : 커피가루 약 10g, 뜨거운 물 120mL

❶ 프렌치 프레스 서버에 커피가루를 넣고 뜨거운 물을 커피가루가 잠기도록 붓는다.
❷ 긴 바 또는 스푼으로 커피가루가 물과 잘 섞일 수 있도록 저어준 후 뚜껑을 덮는다.
❸ 약 4분이 경과되면 상단 프레스 손잡이를 끝까지 눌러 찌꺼기를 분리한 후 가라앉으면 잔에 따른다.

그림 4-13 프렌치 프레스 추출 순서

5. 가압 추출법^{Pressed Extraction}

대표적 가압식 추출법에 이용되는 기구로는 모카포트^{Mocha Pot}가 있다.

1933년 알폰소 비알레띠^{Alfonso Bialet}에 의해 탄생한 증기압을 이용한 가정용 에스프레소 추출기로 상·하 포트로 구성되어 있고, 커피가루가 담겨지는 바스켓이 있다. 커피가루를 필터 바스켓에 넣고 하단 포트에 물을 넣은 뒤 가열하면 물이 끓을 때 약 2~3기압의 수증기 압력으로 에스프레소가 추출된다.

이탈리아 가정에서 가장 보급되어 있는 추출기구이며, 오리지널을 개발한 비알레띠사의 상품명을 모카포트라고 한다.

❶ 안전밸브에서 약 1~3cm까지 물을 넣는다.
❷ 바스켓에 커피를 담은 후 하단 보일러에 바스켓을 장착하고 컨테이너와 결합한다.
❸ 가스 불 위에서 몇 분 정도 추출이 끝나고 나면 불을 끄고 잔에 담아 마신다.
❹ 기호에 따라 설탕이나 우유를 부어 여러 가지 메뉴를 만들 수 있다.

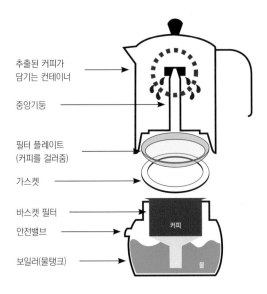

추출된 커피가 담기는 컨테이너

중앙기둥

필터 플레이트
(커피를 걸러줌)

가스켓

바스켓 필터

안전밸브

보일러(물탱크)

커피

물

그림 4-14 모카포트 구조

그림 4-15 모카포트 추출 순서

■ 과열로 인한 넘침 주의

1절
로스팅

1. 로스팅의 의미와 과정

로스팅Roasting이란, 생두가 갖고 있는 각각의 고유한 특징적인 향미와 향을 표현하는 가공작업이다. 생두에 열을 가하면 생두의 세포 조직이 파괴되면서 그 안에 있던 당, 카페인, 지질, 유기산 등의 여러 가지 성분들이 열화학 반응을 일으키면서 나타나게 된다.

로스팅 과정은 크게 건조 단계, 로스팅 단계, 냉각 단계로 나눌 수 있다.

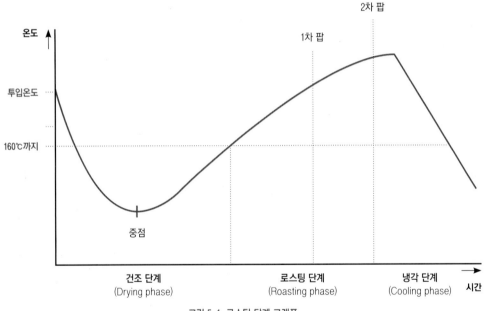

그림 5-1 로스팅 단계 그래프

1) 건조 단계

건조 단계에서는 열을 가하면서 생두의 수분이 증발하게 된다. 수분과 함께 생두에서 나는 풀냄새나 비린내 등이 날아가게 된다. 건조 단계에서 생두의 색깔은 진한 청녹색에서 수분을 잃어가면서 옅은 노란색에서 황색으로 변해간다. 향은 풋내에서 빵냄새로 변한다.

2) 로스팅 단계

생두는 열을 흡수하고 다시 내뿜는 과정을 반복하면서 수축
과 팽창을 반복하게 된다. 생두 내에 있던 수분은 증발하고 무
게는 감소하게 된다. 부피는 증가하여 부서지기 쉬운 다공질화
가 된다.

캐러멜화^{Caramelization}에 의해 색상은 점점 진한 갈색으로 짙어지
며 커피 본연의 맛과 향이 나오게 된다.

콩의 세포 내부의 수분이 열에 의해 강한 압력이 되고, 그로 인해 콩 밖으로 세포벽을 깨
뜨리며 팝콘이 튀는 듯한 소리가 나게 되는데 이를 1차 팝핑이라 한다. '탁탁' 소리를 내며 세
차게 소리가 나다가 줄어들기 시작하면서 다시 2차 팝핑이 나는데, 이때 '찌지직 찌지직' 하
듯이 작은 소리가 낮게 난다. 2차 팝은 1차 팝핑과 2차 팝핑 사이에 아무 소리가 나지 않는
구간을 휴지기라고 한다. 2차 팝 이후로 원두 내부에 있는 오일이 밖으로 나오면서 표면은 반
짝거리기 시작하고 진행이 될수록 기름은 많이 나오게 된다.

1차 팝 단면   2차 팝 후 오일이 배출된 모양

그림 5-2 로스팅에 의한 콩의 변화

3) 냉각 단계

로스팅이 끝나면 커피콩의 열로 인해 로스
팅이 진행될 수 있으므로 더 이상 진행되
지 않도록 온도를 강제적으로 낮춰야 한다.
그렇지 않으면 원하는 로스팅 포인트보다
더 진행될 수 있다. 냉각 단계에서 온도를
낮추기 위해 차가운 선풍기 바람이나 에어
컨 바람 등을 이용하는 경우도 있다.

2. 로스팅 정도^{Roasting Degree}

1) 색상에 의한 로스팅 정도

아그트론 수치(명도 값)가 높을수록 밝고, 낮을수록 어두운 로스팅 단계를 의미한다.

그림 5-3 Agtron 수치

☕ 잘못된 로스팅에 의한 콩의 변화

치핑(Chipping)
생두 가공 시 제대로 건조되지 않거나 균질화되지 못해 로스팅 시 약한 부분으로 수분이 순간 방출되면서 동그란 딱지 모양으로 떨어져 나간 것 같은 모양

스코칭(Scorching)
로스팅 시 열을 과하게 주어 겉이 타면서 얼룩덜룩해진 것

티핑(Tipping)
열을 과하게 주어 생두의 배아 부분만 탄 것

2) SCAA 분류

SCAA에서는 아그트론^{Agtron}사의 수치 측정 값으로 총 8단계의 색을 분류하고 있다. #95~#25의 8단계로 구성된 'Color Roast Classification System'의 색상을 비교함으로써 로스팅 정도를 쉽게 판별할 수 있도록 하고 있다.

표 5-1 Coffee Roasting Degree

명칭	SCAA	색상	명칭	SCAA	색상
라이트 Light Agtron #95	약배전 Ex- tremely Light		시티 City Agtron #55	중배전 Medium	
시나몬 Cinnamon Agtron #85	약배전 Very Light		풀 시티 Full City Agtron #45	강배전 Mod- erately Dark	
미디엄 Midium Agtron #75	중배전 Light		프렌치 French Agtron #35	강배전 Dark	
하이 High Agtron #65	중배전 Medium Light		이탈리안 Italian Agtron #25	강배전 Very Dark	

3. 로스팅의 변화

1) 4대 변화

(1) 색의 변화

로스팅이 진행되면서 생두의 색상은 점점 밝아지고 노르스름한 색으로 바뀌었다가 더 진한 갈색에서 흑갈색으로 변한다. 이러한 갈변은 생두 내에 있는 당류와 아미노산과 같은 성분들에 의해 캐러멜화 반응과 마이야르 반응에 의해 갈변되는 것이다.

❶ 캐러멜화 반응 Caramelization

로스팅 시 160℃ 이상 고온으로 인해 생두에 들어 있는 당류가 산화 및 분해되고 이들 분해 산물들이 서로 중합, 축합하면서 흑갈색의 캐러멜 색소를 형성한다.

  캐러멜화 반응은 당류 함량이 많은 식품을 열을 가하여 가공할 때 흔히 일어나는 현상으로 식품의 향기나 맛, 색에 영향을 주며 약식, 과자류 등의 착색을 위해 착색제로 이용되기도 한다.

❷ 마이야르 반응 Maillard Reaction

생두에 함유되어 있는 포도당, 과당, 맥아당 등 환원당과 단백질과 같은 아미노기를 갖고 있는 질소 화합물이 상호 반응하여 갈색 물질인 멜라노이딘을 형성한다.

  커피, 과자, 맥주, 간장, 된장 등 거의 모든 식품 가공 중 자연 발생적으로 많이 일어나는 반응으로 식품의 색, 맛, 냄새를 향상시키나 리신과 같은 필수 아미노산의 파괴를 가져온다.

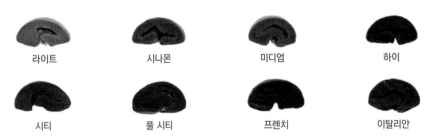

| 라이트 | 시나몬 | 미디엄 | 하이 |
| 시티 | 풀 시티 | 프렌치 | 이탈리안 |

그림 5-4 로스팅 단계별 원두의 색과 부피의 변화

(2) 모양의 변화

로스팅이 진행됨에 따라 수분과 무게는 줄고, 부피는 생두에 비해 약 1.5배까지 증가하는데 밀도가 높고 수분이 많을수록 변화는 크게 나타난다.

(3) 무게의 변화

로스팅 정도에 따라 무게가 조금씩 차이가 나지만 수분이 많을수록 더 많이 증발하여 무게는 줄고 가스 방출로 인해 더욱 감소한다.

(4) 밀도의 변화

생산지마다 생두의 밀도는 차이가 있으나 로스팅이 진행되면서 부피의 팽창으로 인해 밀도는 크게 감소한다.

2) 기타 변화

카페인은 열에 안정적이어서 로스팅 후에도 큰 변화가 없으나, 트리고넬린은 열에 불안정하여 로스팅 후 분해되어 감소하고 커피에 탄 냄새와 쓴맛을 나타낸다.

4. 로스팅의 방식에 따른 분류

1) 직화식直火式

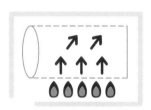

드럼의 내부에 작은 구멍들이 뚫려 있고 구멍을 통해 불이 생두 표면에 직접 전달되는 방식이다.

다른 방식에 비해 불조절이 민감한 편이다.

2) 반열풍식半熱風式

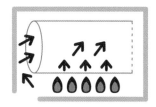

드럼 내부에 구멍이 없어 생두에 불이 직접 닿지는 않으나 후라이팬처럼 드럼에 직접 불이 닿고 후방으로 열이 빨려 들어가면서 로스팅이 되는 방식이다. 직화식에 비해 균일한 로스팅이 가능하다.

3) 열풍식熱風式

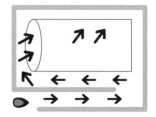

불이 드럼에 직접적으로 닿지 않고 드럼 사이로 열이 순환되면서 로스팅하는 방식이다. 로스팅 시간이 빠르고, 균일한 로스팅이 가능하다.

5. 가정식 수망 로스팅

● 준비물 : 휴대용 가스레인지, 수망, 저울, 생두, 스탑워치

수망 로스팅 순서

❶ 핸드픽Hand pick한 생두를 저울에 계량한 후 불에 올려놓는다(수망의 크기에 따라 용량 조절).

❷ 불꽃으로부터 약 10~15cm 정도의 높이에서 수망을 골고루 흔들어 준다.

❸ 로스팅하기 : 생두가 노르스름해지면서 빵 냄새가 나면 로스팅 단계이다. 15~20cm 정도로 내려서 골고루 흔들어준다. 이때 은피가 원활히 벗겨지도록 힘차게 흔들어준다. 가스레인지에 따라 불 조절이 필요하다.

❹ 1차 팝 : '탁탁' 소리가 나기 시작하면 불을 중불로 바꿔주거나 수망을 더 높이 들어 열을 덜 주도록 한다.

❺ 2차 팝 : '지지직'소리가 나면서 다시 팝이 오는데 생두에 따라 휴지기가 짧을 수 있으므로 수망을 열어 확인해 보면서 배출할 시점을 판단한다.(원하는 로스팅 포인트에서 배출하면 된다.)

❻ 냉각단계

🍵 핸드픽이란 맛있는 커피를 볶는데 있어 부적합한 이물질이나 결점두를 손으로 골라내는 것이다.

그림 5-5 수망 로스팅 순서

6. 로스팅 머신의 구조

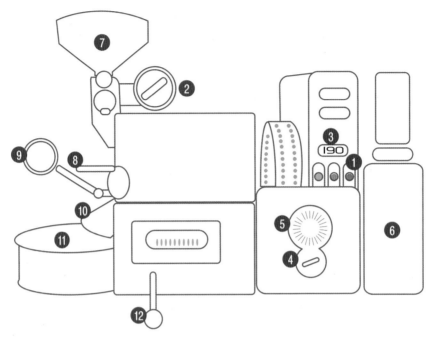

그림 5-6 로스팅 머신(모델명 : 태환로스터)

① 전원 스위치　　　　　② 댐퍼

③ 온도 센서　　　　　　④ 가스노브

⑤ 가스압력게이지　　　　⑥ 사이클론

⑦ 호퍼　　　　　　　　⑧ 샘플 확인봉(스푼)

⑨ 무게추　　　　　　　⑩ 원두 배출구

⑪ 쿨링 트레이　　　　　⑫ 하부 배기 댐퍼 손잡이

2절
블렌딩

블렌딩Blending이란 단종 커피가 갖고 있는 좋은 특성들은 살리고 단점들은 서로 보완하여 새로운 느낌의 커피를 만드는 작업이다. 2개 이상의 원두를 혼합하는데 각각 비율을 달리하여 블렌딩한 후 원하는 느낌을 찾는 것이 좋다.

1. 블렌딩 장점

생두는 농작물로, 매년 같은 농장의 생두라도 그해 작황에 따라 조금씩 차이가 날 수 있다. 블렌딩에 앞서 각각의 생두를 이해하는 것이 필요하다.

블렌딩의 장점은 새로운 느낌의 맛과 향을 나타내어 개성 있는 커피를 만들 수 있어 타 커피 맛과 차별화를 주는 데 효과적이다. 상대적으로 저렴한 원두를 혼합하여 고가의 커피와 비슷한 맛을 낼 수 있어 원가를 낮출 수 있는 장점이 있으나 무조건 저렴한 원두를 섞는다고 같은 맛을 낼 수는 없다. 또한 너무 많은 종류의 콩을 섞는 것은 오히려 맛을 밋밋하게 만들거나 과정만 복잡하게 되므로 구체적인 계획이 필요하다.

2. 블렌딩 방식

블렌딩 방법은 단종별로 생두를 로스팅한 후 배합하는 후 블렌딩 방법과 처음부터 비율대로 섞어 로스팅하는 선 블렌딩 방법이 있다.

1) 선 로스팅 후 블렌딩

각 생두가 갖고 있는 특성들을 살릴 수 있다는 장점이 있으나 로스팅 횟수가 많고 항상 균일한 맛을 내기 어렵다는 단점이 있다. 또한 각기 개성에 맞춰 로

Roasting

스팅 단계를 달리하므로 서로 섞었을 때 균일한 색을 갖기 어렵다.

2) 선 블렌딩 후 로스팅

블렌딩 비율에 맞춰 섞은 후 한꺼번에 로스팅하는 혼합 로스팅 방법이다. 이 방법은 한번만 로스팅을 하므로 편리하고 로스팅 색상 또한 어느 정도 균일하게 나올 수 있다. 그러나 생두 각 각의 특성을 살리기 어려워 특색 있는 로스팅이 되기 어렵다.

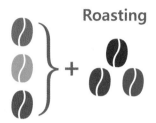

3. 블렌딩 과정

❶ 계획 : 원하는 용도에 맞춰 블렌딩 계획을 한다.
❷ 생두의 선택 : 원하는 맛과 향을 고려하여 생두를 선택한다.
❸ 로스팅 단계 결정 : 생두의 특성에 맞춰 원하는 로스팅 단계를 정한다.
❹ 블렌딩 비율 결정 : 생두의 특성을 고려하여 원하는 맛에 가까운 비율을 결정한다.
❺ 블렌딩 방식 선택 : 특성과 작업 동선에 맞는 방식을 선택한다.
❻ 로스팅 후 추출 및 평가 : 커핑을 통해 맛을 평가하고 비율을 달리하여 수정해 간다.

☕ 로스팅 포인트를 일치시키고 증배함을 기본으로 3~4종 정도 안에서 배합해본다.

4. 효율적인 블렌딩 방법 및 예시

생두의 특성과 등급을 정하고 블렌딩 비율을 달리하여 조율해 간다. 한 가지 방향으로 너무 튀거나 배율을 1:1:1 식의 방법으로 너무 균일하게 혼합하면 각각의 고유한 특성을 잃어 버려 밋밋한 맛을 낼 수 있다. 블렌딩에 사용할 단종 커피의 비율은 최소 15% 이상 사용해야 특징을 나타낼 수 있다. 이때 각각의 커피들의 향미 특성을 상호 보완하도록 블렌딩한다.

1) 효율적인 블렌딩 방법

- 자신이 원하는 커피향미를 설정하고 그에 맞는 여러 가지 단종 커피들을 선정한다.
- 단종 커피 별로 향미 특성을 기록한다.
- 메인으로 가져갈 단종을 선택한 원하는 향미가 나올 때까지 비율을 달리하며 조금씩 섞어 향미 변화를 기록한다.
- 원하는 향미에 가까운 블렌딩이 나오면 테스트를 한다.

2) 블렌딩 예시

(1) 향을 강조한 블렌딩

❶ 브라질 + 코스타리카
❷ 콜롬비아 + 과테말라 + 예가체프
❸ 브라질 + 케냐 + 과테말라 + 시다모

(2) 신맛을 강조한 블렌딩

❶ 콜롬비아 + 예멘모카마타리 + 코스타리카
❷ 케냐 + 예가체프 + 과테말라
❸ 브라질 + 시다모 + 케냐

(3) 바디를 강조한 블렌딩

❶ 브라질 + 케냐 + 과테말라
❷ 브라질 + 케냐 + 과테말라 + 만델링
❸ 케냐 + 과테말라 + 만델링 + 시다모

1절
향미

커피를 평가하는 기준은 바디^{Body}, 플레이버^{Flavor}, 에프터테이스트^{Aftertaste} 등으로 평가한다.

1. 커피의 향

커피의 향은 프래그런스, 아로마, 노즈, 후미의 4가지로 구성되어 있으며 각각의 다른 향이 조화를 이루면서 이루어진다. 이런 커피의 향을 총칭하여 부케^{Bouquet}라고 부른다.

1) 향미의 종류

볶은 커피를 분쇄할 때 나오는 달콤한 꽃향기인 프래그런스, 분쇄한 커피에 물을 부었을 때 나오는 과일향, 허브향, 그리고 견과류와 같은 향인 아로마, 커피를 마실 때 입안에서 느껴질 뿐만 아니라 코에서도 느낄 수 있는 사탕이나 시럽과 같은 향인 노즈, 그리고 커피를 마신 후 향신료에서 느껴지는 톡 쏘는 맛이나 송진, 수지 같은 후미가 있다.

표 6-1 향의 종류 및 특성

향의 종류	특성	원인 물질	주로 나는 향기
프레그런스 (Fragrance)	볶은 커피의 분쇄된 향기(Dry aroma)	에스테르 화합물	Flower
아로마 (Aroma)	분쇄된 커피에 물을 부었을 때 맡을 수 있는 향기(Cup aroma)	케톤이나 알데히드 계통의 휘발성 성분	Fruity, Herbal, Nut-like
노즈 (Nose)	마실 때 느껴지는 향기	비휘발성 액체 상태의 유기성분	Candy, Syrup
에프터 테이스트 (After taste)	마신 후 느껴지는 향기	지질 같은 비 용해성 액체와 수용성 고체물질	Spicy, Turpeny

2) 향의 강도

향은 강도에 따라 Rich, Full, Rounded, Flat으로 그 세기를 표현한다.

표 6-2 향의 강도 평가

강도	내용	
Rich	풍부하면서도 강한 향	full & strong
Full	풍부하지만 강도가 약한 향기	full & not strong
Rounded	풍부하지도 않고 강하지도 않은 향기	not full & not strong
Flat	향기가 없을 때	absence of any bouquet

2. 관능평가 Sensory Evaluation

커피 향에 대한 관능평가는 후각, 미각, 촉각의 세 단계로 실시한다.

1) 후각 Olfaction

후각은 보통 자연 상태에서 생성된 향이나 로스팅 과정에서 만들어진 기체 상태의 휘발성 화학물질에 반응한다. 후각은 가장 예민한 감각기관으로 일정한 향을 지속적으로 맡으면 감각이 둔해진다. 이를 후각의 순응 또는 적응이라 한다.

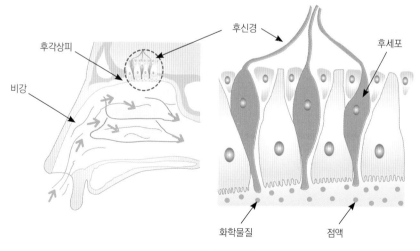

그림 6-1 후각의 구조

사람과 동물의 후각을 비교해보면 쥐는 사람에 비해 8~50배 가량, 개는 300~10,000배 정도 더 발달되어 있다고 한다.

여러 가지 원인에 의해 후각이 상실되는데, 첫째는 심한 감기나 독감, 코 내부조직의 염증을 일으키는 축농증, 감각신경세포 괴사 등 병에 의해, 둘째는 두뇌 손상에 의한 후각신경 파열로 후각기능을 잃을 수 있다.

표 6-3 SCAA COFFEE TASTERS FLAVOR WHEEL

생성원인	종류	세부 항목
효소 작용 (Enzymatic)	꽃 (Flowery)	꽃향(Floral)
		향기로운(Fragrant)
	과일 (Fruity)	감귤향(Citrus)
		베리향(Berry-like)
	허브 (Herby)	파, 마늘향(Alliaceous)
		콩향(Leguminous)
갈변 반응 (Sugar Browning)	견과류 (Nutty)	견과류(Nut-like)
		엿기름(Malt-like)
	캐러멜 같은 (Caramelly)	캔디(Candy-like)
		시럽(Syrup-like)
	초콜릿 같은 (Chocolaty)	초콜릿(Chocolate-like)
		바닐라(Vanilla-like)
건열 반응 (Dry Distillation)	수지의 (Resinous)	송진 향 또는 수지 향(Turpeny)
		약품 냄새(Medicinal)
	향신료 향 (Spicy)	매운 향(Warming)
		쏘는 향(Pungent)
	탄향 (Carbony)	연기 냄새(Smoky)
		재 냄새(Ashy)

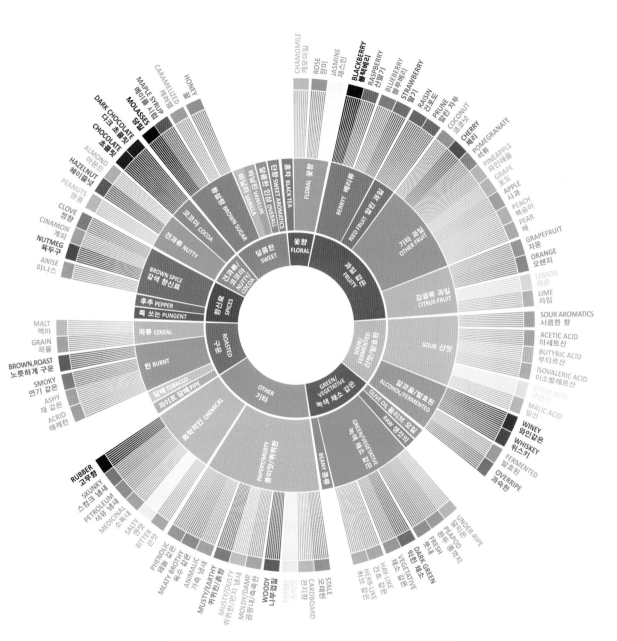

그림 6-2 커피 테이스터를 위한 향미표(SCAA TASTER'S FLAVOR WHEEL)
자료: SCAA, 미국 스페셜티 커피 협회

2) 미각 Gustation

미각을 담당하는 미뢰는 꽃봉오리 모양으로 혀의 점막의 유두 속에 다수 존재한다. 미뢰에는 각각 20~30개 정도의 미세포가 있고, 미세포의 돌기는 미각을 자극하는 물질에 반응한다. 성인은 약 1만 개의 미뢰를 갖고 있다.

침은 맛을 느끼는데 중요한 화학수용체로, 물질이 침에 녹으면서 맛을 느끼게 된다. 커피의 기본적인 맛은 단맛, 신맛, 짠맛, 쓴맛의 네 가지이며, 쓴맛의 역할은 다른 세 가지 맛의 강도를 조절하는 역할만 한다. 예외적으로 질이 낮은 커피나 다크 로스트 커피에서 쓴맛을 많이 느끼게 된다.

(1) 5가지 기본 맛

기본 맛으로는 단맛, 쓴맛, 신맛, 짠맛 그리고 감칠맛이 있다. 맛은 혀 전체에서 느껴지지만 쓴맛→짠맛→신맛 순으로 잘 느끼고, 단맛도 전체적으로 다른 맛과 함께 느낀다.

매운맛이나 떫은맛 등은 통증 신경이나 촉각 신경에 의한 작용임으로 미각으로 분류하지 않고 각각 통각, 압각이라 부른다.

표 6-4 5가지 기본 맛과 원인 물질

맛	원인 물질
단맛	단당류를 포함한 환원당, 캐러멜당, 단백질
쓴맛	카페인, 트리고넬린, 카페산, 퀸산, 페놀화합물
신맛	클로로겐산, 사과산, 주석산, 구연산
짠맛	산화칼륨
감칠맛	글루타민산
혀의 위치	단맛　쓴맛　신맛　짠맛　감칠맛

★ 빛깔이 짙을수록 그 맛에 민감하다.

(2) 맛의 조화

계속해서 같은 맛을 보면 미각이 둔화되는데, 이를 맛의 순응이라 한다. 미각의 순응시간은 1~5분으로 짧기 때문에 한 가지 맛을 계속해서 맛보지 않아야 한다. 서로 다른 맛을 혼합하였을 때 주된 맛이 감소하거나 약화되는데 커피에 설탕을 넣으면 커피의 쓴맛이 설탕의 단맛에 의해 억제되는 현상이 좋은 예이다.

또한 다른 맛이 혼합되었을 때, 즉 단팥죽에 소금을 조금 넣으면 단맛이 증가하는 것과 같이 단맛에 소금과 같은 짠맛을 조금 넣으면 단맛이 증가하게 되고, 소금물에 구연산 등 신맛이 가해지면 짠맛이 증가하기도 한다. 경우에 따라서는 김치와 같은 짠맛과 신맛 또는 청량음료와 같이 단맛과 신맛이 서로의 맛을 상쇄하여 조화된 맛을 느끼게 하는 경우도 있다.

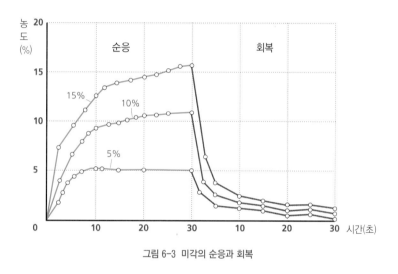

그림 6-3 미각의 순응과 회복

(3) 온도와 맛의 변화

맛은 온도에 따라 느껴지는 정도가 다르다. 혀의 미각은 10~40℃에서 가장 잘 느끼는데, 특히 약 30℃에서 민감하게 반응하며 이 온도에서 멀어질수록 미각은 둔해진다. 온도가 증가할수록 단맛은 증가하고 짠맛과 쓴맛은 감소되는데, 특히 쓴맛은 온도가 내려가면 더욱 쓰게 느껴진다. 신맛은 온도 변화에 별 차이를 나타내지 않는다.

3) 촉각^{Mouthfeel}

식음료를 섭취한 후 입안에서 느껴지는 촉감을 말한다. 입안에 있는 말초신경이 커피의 점도와 미끈함을 감지하는데, 이 두 가지를 집합적으로 바디^{Body}라고 표현한다.

	진함 >>>>>>>>>> 약함
지방 함량에 따른 표현	Buttery > Creamy > Smooth > Watery
고형 성분의 양에 따른 표현	Thick > Heavy > Light > Thin

4) 결점두에 의한 향미

(1) 수확과 건조 중 변화

커피체리의 수확과 건조 단계에서 효소에 의해 발생하는 특성이다.

- Rioy : 요오드 같은 약품 맛
- Earthy : 흙에서 느껴지는 좋지 않은 느낌
- Rubbery : 익은 커피열매를 제때 수확하지 못해 나무에서 말라 발생하는 맛
- Fermented : 불쾌한 신맛을 남기는 맛
- Musty : 곰팡이와 접촉하여 발생하는 곰팡이 향
- Hidy : 우지^{牛脂}나 가죽에서 나는 향

(2) 저장과 숙성 중 변화

생두의 보관 환경이나 보관 시간에 따라 생두 내의 효소나 산 등에 의해 발생하는 특성이다.

- Strawy : 오래된 생두에서 나는 마른 짚과 같은 향
- Grassy : 풀의 아린 생내
- Woody : 나무와 같은 맛

(3) 로스팅 과정 중 변화

로스팅하는 온도나 로스팅 시간에 따라 발생하는 특성이다.

- Green : 낮은 열을 짧은 시간에 공급하여 생기는 풀내
- Baked : 낮은 열로 너무 오래 로스팅을 하여 향미 성분이 거의 없는 상태
- Tipped : 로스팅 시 과다한 열량 공급으로 콩이 부분적으로 타면서 나는 약한 탄내
- Scorched : 로스팅 시 과다한 열량 공급으로 콩의 표면이 그을려 나는 강한 탄내

(4) 로스팅 후 변화

로스팅 후 포장이나 저장과정에서 발생하는 특성이다.

- Flat : 산패로 인한 향기 성분의 소멸
- Stale : 산소와 습기가 커피의 유기물질에 좋지 않은 영향을 주었거나 불포화 지방산이 산화되어 느껴지는 좋지 않은 맛
- Rancid : 심한 불쾌감을 주는 맛

(5) 추출 후 보관 중 변화

커피 추출 후 보관과정에서 나타나는 특성이다.

- Flat : 커피 추출 후 보관 과정에서 향기 성분의 소멸로 느껴지는 밋밋함
- Vapid : 추출된 커피에서 향이 거의 없음
- Insipid : 추출한 커피에서 느껴지는 신선도 떨어지는 듯한 맛
- Acerbic : 추출 후 열에 지속적으로 유지할 때 나타나는 시큼한 맛
- Briny : 물이 증발하고 무기질 성분이 농축되면서 나는 짠맛
- Tarry : 커피 추출액의 단백질이 타서 생성된 불쾌한 탄 맛

2절
커핑

1. 커핑

가능한 동일 조건에서 로스팅한 원두를 사용하여 향과 맛의 특성을 체계적으로 평가하는 것을 커핑^{Cupping}이라고 말하며, 이러한 작업을 전문적으로 수행하는 사람을 커퍼^{Cupper}라고 한다. 커핑의 목적은 커피의 품질을 정확하게 평가하기 위함이다.

커핑 방법은 SCAA 커핑 프로토콜을 기준으로 실시한다.

그림 6-4 커핑하는 모습

2. SCAA 커핑 프로토콜

1) 사전 준비물

(1) 장소

커핑을 실시하기 위한 장소로는 조명이 잘 되고 청결해야 한다. 또, 커핑 시 방해가 될 수 있는 냄새가 없는 곳으로, 조용하고 적당한 온도를 유지한 곳이어야 한다.

(2) 기구 및 장비

❶ 로스터, 그라인더

❷ 아그트론 또는 다른 색 판독기

❸ 커핑 잔

샘플마다 용량, 크기, 재질이 같은 5개 뚜껑이 있는 커핑용 컵을 준비한다.
SCAA에서는 7~9온스(207~266mL)의 유리잔 혹은 도기로 된 컵을 추천하고 있다.

❹ 커핑 스푼

커핑용 스푼의 크기는 0.135~0.169온스(4-5mL)의 액체를 담을 수 있
는 반발력이 없는 금속제로 한다.

❺ 물 끓이는 기구

❻ 커핑용 테이블

상판은 최소 10평방피트(0.93m²)이고, 높이가 42~46인치(1.07~1.17m)인 6인용 테이블을 준비
한다.

❼ 커핑 용지와 메모지

❽ 필기구와 클립보드

2) 커핑 준비

(1) 로스팅

● 샘플은 커핑하기 24시간 이내에 로스팅하여 최소 8시간 그대로 놔둔다.

● 로스팅 프로파일은 약 볶음에서 약·중 볶음으로, Agtron 'gourmet' color 기준의 원두 상
  태로 58, 분쇄 시 63±1 단위로 하며, Agtron사의 표준 측정기로는 55~60으로 한다. 만약
  측정기가 없을 경우 로스팅 타일 #55를 기준으로 한다.

● 로스팅은 최소 8분에서 최대 12분 이내에 볶아야 한다.

● 겉이 그을려 타는 스코칭Scorching이나 가장자리가 타는 티핑Tipping이 생기지 않게 해야 한다.

● 샘플은 물을 이용한 냉각은 안 되며 반드시 공기바람으로 즉시 식혀야 한다.

● 20℃ 실온에 이르면, 완성된 샘플은 커핑할 때까지 공기 노출을 최소화하고 오염을 막기 위
  해, 밀봉 용기나 공기가 통하지 않는 봉지에 넣어 두도록 한다.

● 샘플은 시원하고 어두운 곳에 두어야 하나, 냉장이나 냉동을 해서는 안 된다.

(2) 계량

- 물과 커피의 최적의 비율은 물 150mL에 커피 8.25g이다. 이 비율이 골든 컵^{Golden Cup}으로 최적의 균형 추출 표에서 중간 지점에 해당하기 때문이다.
- 커핑 컵에 맞춰 물 양을 측정하고 ±0.25g 이내의 비율로 계량하여 담는다.

(3) 분쇄

- 샘플은 컵의 용량에 맞게 사전에 정한 비율에 따라 원두의 무게를 재어 놓는다.
- 샘플의 분쇄는 반드시 커핑하기 직전에 하도록 한다.
- 분쇄 입도는 보통 필터 드립 추출 때보다 조금 더 굵게 하여 분쇄 입자의 70~75%가 미국 표준 사이즈 size20^{체의 구멍크기 0.841mm} 그물에 통과해야 한다.
- 그라인더 청소용으로 약간의 커피를 분쇄해 버린다. 각 컵에 든 커피를 커핑 잔에 따로따로 분쇄하여 샘플이 서로 섞여 나오지 않도록 주의한다. 또한 전체적으로 일관된 양이 담기도록 하고, 분쇄 후에는 곧바로 뚜껑을 덮어 향이 날아가지 않도록 한다.
- 샘플의 균일성을 평가하기 위해서는 각 샘플당 최소 5컵씩을 준비한다.

(4) 물 붓기

- 분쇄한지 최대 30분 이내에 물을 부어야 한다.
- 커핑에 사용할 물은 깨끗하고 냄새가 나지 않아야 하며, 증류수나 연수는 사용하지 않는다. 총 용해 고형질^{TDS}은 125~175ppm이 이상적이며, 100ppm 이하나 250ppm 이상은 안 된다.
- 물은 갓 끓인 것을 부어야 하고 분쇄된 커피가루에 부을 때 약 93℃^{200°F}가 되어야 한다. 단, 고도에 따라 온도를 조절할 필요가 있다.
- 뜨거운 물을 컵 가장자리 쪽으로 부어가며 커피가루 전체가 젖게 한다. 커피가루는 평가하기 전 충분히 물이 배도록 3~5분간 건드리지 않고 그대로 둔다. 물을 부은 컵은 절대 이동시키지 않도록 주의한다.

3) 평가

관능평가는 샘플 간의 실제 관능의 차를 결정하고, 샘플의 향미 기술하며, 상품의 선호도 결정하는 3가지 이유에서 행해진다.

커핑폼은 커피에 대한 주요한 향미 속성들, 즉 향, 향미, 후미, 신맛, 바디, 균형감, 균일성, 클린 컵, 단맛, 결함과 총괄을 기록한다. 특정 향미 속성들은 평가자들의 판단으로 부여되는 퀼리티의 긍정적 점수이다. 결함은 불쾌한 향미 감지를 가리키는 부정적 점수이다.

총괄 항목 점수는 평가자의 개인적인 평가로 개인의 향미경험에 근거해 채점한다. 이들은 16점 척도로 평가하며, 6~9까지 값 사이의 한 칸을 4등분한 점수 차로 퀼리티의 레벨을 표기한다.

표 6-5 Quality Scale

Good	Very Good	Excellent	Outstanding
6.0~6.75	7.0~7.75	8.0~8.75	9.0~9.75

Total Score Quality Classification		
90~100	Outstanding	
85~89.99	Excellent	Specialty
80~84.99	Very Good	
〉80.0	Below Specialty Quality	Not Specialty

스페셜티 등급은 80~100점이며 80점 밑으로는 스페셜티 등급이 아니다.

자료 : CUPPING PROTOCOLS

3. 커핑 평가 절차

1) 시각적 색상 검사 실시

(1) Step #1 − Fragrance/Aroma

● 샘플을 분쇄한지 15분 이내에 뚜껑을 열고 마른 커피가루 냄새를 맡고 샘플의 마른 향[dry fragrance]을 평가한다.

- 물이 배어들게 한 후, 최소 3분에서 최대 5분이 넘지 않게 표면을 흩트려 트리지 않고 놔둔다. 커피표면을 3번 휘저어 깨뜨려서 스푼 뒷면으로 거품을 밀쳐내며 차분히 냄새를 맡는다. 그런 다음 마른 향과 젖은 향의 평가에 근거해 Fragrance/Aroma 점수를 표기한다.

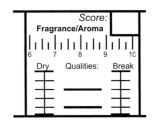

(2) Step #2 − Flavor, Aftertaste, Acidity, Body and Balance

- 물을 부은 지 8~10분이 경과되어 샘플의 온도가 160℉, 즉 71℃가 될 때, 커피 액에 대한 평가를 시작한다. 입안에 훌쩍 빨아 흡입한다. 이 정도의 높은 온도일 때 후각 점막 세포에서 증기를 감지하는 강도가 가장 크므로 Flavor와 Aftertaste를 먼저 평가한다.
- 계속 커피가 60~70℃로 식어가면서 Acidity, Body와 Balance를 평가한다. Balance는 Flavor, Aftertaste, Acidity, Body가 얼마나 잘 어우러져 조합을 이루는지에 대한 평가이다.
- 샘플이 식어감에 따라 다른 온도에서 두세 번 평가한다.
- 16점 척도로 샘플을 평가하기 위해서는, 커핑 평가지의 해당하는 체크 표시tick mark에 동그라미로 표기한다. 온도 변화로 인해 샘플에서 감지한 퀄리티가 늘어나거나 줄어들어 체크한 표시를 바꾸려면 가로 척도에 다시 표시를 하고, 최종 점수 방향으로 화살 표시를 한다.

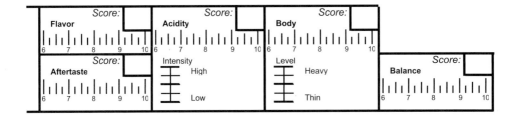

(3) Step #3 − Sweetness, Uniformity and Cleanliness

- 커피가 실내온도에 이를 때 Sweetness, Uniformity and Cleanliness를 평가한다. 이들 속성의 경우 커피는 각 컵을 개별적으로 평가하여, 각각의 속성에 따라 컵마다 2점씩 최대 10점을 부여한다.

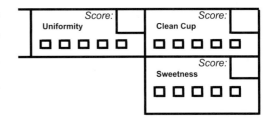

● 액체에 대한 평가는 샘플이 21℃에 이르면 끝내고, Overall 점수는 관련된 속성 모두를 기초로 '커퍼 점수' 로 커퍼가 결정해 샘플점수를 매긴다.

(4) Step #4 - Scoring

● 샘플을 평가한 후, 'Scoring' 의 설명에 따라 점수를 모두 더하고, 최종 점수를 커핑 평가지 맨 위 오른쪽 박스에 적는다.

(5) 개별 요소 점수

커피 속성 점수는 커핑 평가지에 있는 해당 칸에 기록한다. 긍정적인 속성에는 2가지 체크 표시 척도가 있다.

● 상하의 세로 척도는 평가 항목에 있는 관능 요소의 강도 수준을 매기기 위한 것으로, 평가자의 기록용 표시이다.

● 좌우의 가로 척도는 심사위원의 샘플 감지와 퀼리티에 대한 경험상의 이해를 바탕으로 특정 요소에 대한 상대적 퀼리티 인지평가이다.

그림 6-5 커핑하는 순서

표 6-6 SCAA 커핑 기록표 SCAA COFFEE CUPPING FORM

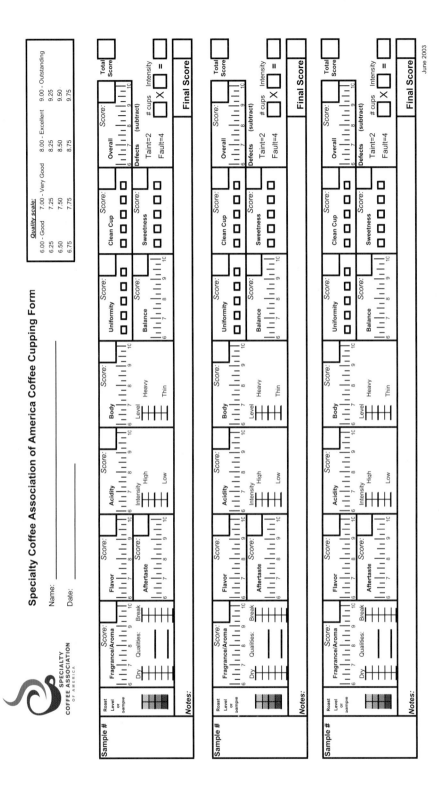

Specialty Coffee Association of America Coffee Cupping Form

표 6-7 속성들에 대한 설명

속성	설명
Fragrance / Aroma	커핑과정에서 향 부문은 커피가루 향(Fragrance)과 뜨거운 물을 부었을 때의 커피 향(Aroma)이 있다. 이것은 별개의 단계로 평가한다. ① 커피에 물을 붓기 전 컵에 담겨 있는 커피가루의 향 맡기 ② 표면을 흩어트릴 때 발산되는 아로마 맡기 ③ 커피에 물이 배었을 때 발산되는 아로마 맡기 특정 아로마는 'qualities' 아래에 적고, 마른 향, 젖은 향 부문의 강도는 5점 세로 척도로 표시한다. 마지막 점수는 샘플 Fragrance/Aroma의 3가지 측면에 대한 선호도를 반영해서 작성한다.
Flavor	향미는 커피의 주요 특성으로 맨 처음 맡는 커피 아로마의 첫인상에서부터 마지막 여운에 이르기까지 그 사이의 '중간' 미감을 가리킨다. 이것은 입에서 코로 통하는 후각 점막 세포가 감지하는 아로마에서 받는 인상이다. Flavor 점수를 평가할 때는 입천장 전체에 모두 느낄 수 있도록 커피를 입안으로 힘차게 훌쩍 빨아들이면서 느껴지는 맛과 아로마에서 받는 강도와 퀄리티, 복합성에 대한 평가를 한다.
Aftertaste	여운은 커피를 마신 후 느껴지는 후미 평가로, 커피를 뱉어내거나 삼킨 후 남아 있는 긍정적 향미이다. 여운이 짧거나 불쾌한 느낌이 있다면 낮은 점수를 줄 수 있다.
Acidity	신맛이 좋을 때는 '산뜻함'으로, 좋지 않을 때는 '시큼하다(sour)'로 평가된다. 좋은 신맛은 커피에 생기를 주고 단맛과 함께 신선한 과일의 특성을 느낄 수 있다. 커피를 입으로 훌쩍 빨아 들이키면서 거의 동시에 느끼고 평가하게 된다.
Body	바디는 커피를 입에 물고 있을 때 혀와 입천장 사이에서 감지되는 촉감이다. 묵직한 바디를 지니는 샘플들은 높은 점수를 받을 수 있다. 그러나 바디가 가벼운 샘플들 중에도 좋은 느낌을 받을 수 있다. 바디가 높을 것으로 예상되는 커피들이나 바디가 낮을 것으로 예상되는 종류의 커피들 역시 비록 강도 평가가 다르다 해도 선호도 점수가 똑같이 높을 수 있다.
Balance	샘플들의 향미, 여운, 신맛, 바디 등의 모든 측면이 다 함께 서로에게 얼마나 보완되어 상승시키느냐에 따라 밸런스의 좋고 나쁨이 결정된다. 어떤 향과 맛의 속성이 부족하거나 어떤 속성이 압도적으로 튄다면 좋은 밸런스라고 볼 수 없으므로 점수는 낮게 된다.
Sweetness	단맛은 뚜렷하게 느껴지는 단맛뿐만 아니라 기분을 좋게 하는 충만한 향미를 말한다. 이런 의미에서 단맛의 반대는 시큼하게 떫음, 즉 '풋내'를 말한다. 소프트드링크와 같이 자당이 들어 있는 음료처럼 커피에서 단맛을 직접적으로 감지하지 못할 수도 있지만, 다른 향미 속성들에 영향을 미치게 된다. 이런 좋은 단맛이 느껴지는 컵에 각각 2점씩을 주게 되며 최대 10점까지 줄 수 있다.
Clean Cup	클린 컵은 처음 입에 댈 때부터 최종 여운에 이르기까지 부정적인 느낌이 없다고 해석할 수 있다. 즉, 컵의 '투명성'을 말한다. 마시는 첫 순간부터 마지막 삼키거나 뱉어내기까지의 총체적인 향미에 대한 느낌이다. 좋지 못한 불쾌한 샘플이 있다면 실격이 된다. 클린 컵의 속성을 보여주는 각각의 컵에 2점씩 준다.
Uniformity	균일성은 샘플간의 향미의 지속성을 가리킨다. 컵에서 다른 맛이 날 경우 이 평가는 높을 수 없다. 이 속성이 드러나는 각각의 컵에 2점씩 주고, 5컵 모두 같다면 줄 수 있는 최대 점수는 10점이다.
Overall	'총괄' 부문의 점수는 패널 개인이 감지한 대로 샘플에 대한 전체적인 통합평가를 반영하도록 한다. 특성에 대한 기대치를 충족시키고 특정 원산지 향미 퀄리티를 보여주는 커피는 높은 점수를 받게 된다. 이 단계에서 패널은 자신의 개인적 평가를 한다.
Defects	결점이란 커피의 품질을 떨어뜨리는 부정적이거나 나쁜 향미를 말한다. 이들은 흠taint과 결점fault으로 분류된다.

4. 커피 아로마

커피를 평가하는 주된 감각인 '미각' 이나 '후
각' 없이는 맛과 향을 제대로 인식하기 어렵다.
맛을 본 후 그것을 평가하고 규정하는 것은 미
각과 후각의 공동작업의 결과이다. 향에 대한
기억은 개인의 경험적 사고에 기인하므로 아로
마 샘플을 이용한 후각 훈련 방법은 커피 평가
에 많은 도움이 될 것이다.

커피 아로마 36가지 샘플은 크게 흙이나 발효에 의한 결점적 향인 Aromatic taints와 로스
팅으로 인해 나타나는 캐러멜과 견과류, 초콜릿 등의 갈변에 의한 Sugar browning, 효소작
용에 의한 Enzymatic, 건류반응에 의한 Dry distillation으로 나뉜다.

1) Aromatic taints

(1) no.1 흙^{Earth}

땅을 파헤쳤을 때 느껴지는 냄새로 거의 모든 로부스타 종에서 느낄 수 있으며, 아라비카
종에서는 에티오피아의 하라와 시다모, 파푸아뉴기니의 시그리에서 이 향을 느낄 수 있다.

(2) no.5 짚^{Straw}

수확 후 남겨진 곡물의 줄기에서 맡을 수 있는 날카로운 향으로, 잘린 건초의 향과 비슷하
다. 브라질의 질 좋은 블렌딩 커피에서 발견할 수 있으며, 부룬디 커피의 특징이기도 하다.

(3) no.13 커피 펄프^{Coffee Pulp}

커피체리에서 과육을 제거할 때 커피농장에서 맡을 수 있는 냄새다. 워시드 프로세싱의 커피
에서 특히 두드러진다. 콜롬비아의 엑셀소, 과테말라의 안티구아, 케냐 AA에서 느낄 수 있다.

(4) no.20 가죽^{Leather}

잘 태닝된 가죽에서 맡을 수 있는 냄새로 가죽의 종류보다 가죽을 만드는 공정에서 사용된 재료의 탄닌산에 기인한다. 커피에서 나는 가죽냄새는 커피의 품질과 우아함을 나타내며 특히 모카커피에서 두드러진다. 최상급의 에티오피아 하라에서는 더욱 잘 느낄 수 있다.

(5) no.21 바스마티 쌀^{Basmati Rice}

팝콘 라이스라고 불리기도 하는 바스마티 쌀 같이 향을 가진 쌀로 요리할 때 맡을 수 있는 냄새이다. 로스팅 초기 단계에서 맡을 수 있으며, 로스팅이 진행되면서 발생하는 다른 향들과 구별하기가 쉽지 않아서 훈련이 필요하다. 엘살바도르 아라비카와 아이보리코스트 로부스타에서 느낄 수 있다.

(6) no.31 구운고기^{Cooked Beef}

소고기를 요리하거나 닭, 오리 등 가금류를 구울 때 맡을 수 있는 전형적인 향이다. 유황 냄새를 포함한 섬세한 이 향은 품질 좋은 아라비카 커피의 중요한 요소로, 코코아 향과 완벽하게 어우러진다. 추출한 커피보다 분쇄된 원두에서 명확하게 감지할 수 있으며, 코스타리카, 과테말라 빅토리, 콜롬비아 엑셀소, 브라질과 아프리카 커피에서 느낄 수 있다.

(7) no.32 스모크^{Smoke}

나무나 수지를 태울 때 발생하는 스모크 냄새는 훈제요리의 풍미에서 그 향을 맡을 수 있고 거의 모든 커피에서 느낄 수 있다. 스모크 냄새의 주요 원인은 페놀로 로스팅 마지막 단계에서 나타나는 전형적인 향으로 과다한 로스팅으로 인해 타르 냄새가 발생한다.

(8) no.35 화학약품^{Medicinal}

태울 때 느껴지는 단내로 스모크향, 약냄새, 화학약품 냄새를 연상시킨다. 때때로 리오맛과 같이 나타난다. 이 향이 너무 강하면 오래 로스팅을 했다는 것을 의미하는 것으로 로스팅에 문제가 있다고 볼 수 있다. 이탈리안 에스프레소와 같은 커피에서 맡을 수 있는 향이다.

(9) no.36 고무^{Rubber}

라텍스라고 부르는 고무나무 유액에서 기인한 냄새이다. 커피에서 이 향이 난다고 해서 부정적으로 받아들일 필요는 없다. 이 향은 아라비카보다 로부스타에서 더 쉽게 찾을 수 있으나, 파푸아뉴기니의 시그리, 콜롬비아 엑셀소, 발레두파, 에티오피아 커피와 같은 아라비카에서도 느낄 수 있다.

2) Sugar Browning

(1) no.10 바닐라^{Vanilla}

난초 열매인 바닐라 꼬투리에서 맡아지는 따뜻하고, 관능적이며, 약간 버터리하고, 강렬함을 가진 향으로 바닐린 성분에 기인한다. 지속성이 강하며, 커피향의 조화에 핵심적인 향으로 다른 향들을 안정시키고 바디를 더해준다. 정도의 차이는 있으나 거의 모든 커피에 바닐라향이 존재한다. 최상급의 브라질 커피, 케냐, 엘살바도르 마라고지페와 파푸아뉴기니 시그리에서도 느낄 수 있다.

(2) no.18 버터^{Fresh Butter}

신선한 버터를 녹였을 때 나는 향으로 부드럽고 크리미한 느낌을 준다. 버터 향은 품질이 뛰어난 아라비카 커피의 공통된 특징으로 관능미와 부드러움을 더해준다. 분쇄할 때 보다 추출할 때 더 강하게 나타나며, 로부스타보다 아라비카에서 강하게 맡을 수 있다. 코스타리카, 콜롬비아의 수프리모, 브라질과 케냐 커피에서 가장 명확하게 느낄 수 있다.

(3) no.22 토스트^{Toast}

구운 빵에서 나는 토스티한 느낌은 로스터들에게 가장 중요하게 여겨지는 느낌이며 숙련된 로스팅을 의미한다. 이온화한 향은 몇몇 맛있는 커피들의 상징이다. 에티오피아 커피, 우간다 드루가의 로부스타, 브라질 커피들에서 이 향을 느낄 수 있다.

(4) no.25 캐러멜^{Caramel}

캐러멜, 구운 파인애플과 딸기에서 느껴지는 향으로 파인애플과 솜사탕을 연상할 수 있다. 커피에서 아주 중요한 위치를 차지하는 향으로 커피의 풍미를 향상시킨다. 아라비카를 추출할 때 뚜렷하게 맡을 수 있는 대표적인 향이다. 콜롬비아 후일라 산 아구스틴, 짐바브웨 커피 등에서 확인할 수 있다.

(5) no.26 다크 초콜릿^{Dark Chocolate}

커피와 코코아의 성분인 티아졸와 피라진에 의해 느낄 수 있는 향으로 커피의 주요 특징 중에 하나이다. 추출할 때 보다는 분쇄할 때 향이 더 강한데 하와이안 코나에서 명확하게 확인할 수 있으며, 자이르, 우간다, 짐바브웨 등의 아프리카 커피에서도 맡을 수 있다. 중남미 커피에서 일반적으로 느껴지지만 콜롬비아 커피에는 이 향이 드물다.

(6) no.27 볶은 아몬드^{Roasted Almonds}

아몬드에 설탕이나 초콜릿을 코팅한 프랄린을 연상시킨다. 이 향은 가장 매력적인 커피향 중에 하나로 초코릿 향과 잘 어울린다. 브라질의 쉴드미나, 콜롬비아의 엑셀소 발레두파, 에티오피아의 리무, 자메이카 블루마운틴, 우간다 커피에서 느낄 수 있다.

(7) no.28 볶은 땅콩^{Roasted Peanuts}

살짝 볶은 땅콩이나 땅콩오일에서 맡을 수 있는 향이다. 케냐의 키탈레와 짐바브웨, 자이르의 커피에서 확인할 수 있다.

(8) no.29 볶은 헤이즐넛^{Roasted Hazelnuts}

커피향에 달콤함을 더해 주는 향으로 라이트 로스팅의 특징이다. 추출할 때보다 분쇄할 때 강하게 맡아지는데 아라비카와 로부스타에서 모두 확인할 수 있으나 로부스타에서 더 강하게 나타난다. 콜롬비아 시에라 드 산타마르타, 베네수엘라 타치라의 커피에서 강하다.

(9) no.30 호두^{Walnuts}

호두나 호두오일의 톡 쏘는 향으로 매우 농축되어 있으며, 카레나 옥소큐브를 떠오르게 한다. 이 향은 소톨론과 아세트알데히드에서 나며 주로 소톨론이 이 향을 유발한다. 분쇄된 원두보다 추출한 커피에서 더 뚜렷하며, 로부스타보다는 아라비카에서 주로 맛으로 인지된다. 콜롬비아, 브라질 그리고 파푸아뉴기니 시그리에서 느낄 수 있다.

3) Enzymatic

(1) no.2 감자^{Potato}

익힌 감자에서 느껴지는 냄새로 로스팅 시 생성되는 메티오날 성분에 기인한다. 대부분 이 냄새는 잘 느끼지 못할 정도로 약하게 나지만 너무 강하게 난다면 콩 선별에 문제가 있을 수 있다. 코스타리카, 콜롬비아 톨리마, 온두라스, 짐바브웨 커피에서 느낄 수 있다.

(2) no.3 완두콩^{Garden Peas}

갓 수확한 어린 완두와 꼬투리에서 맡을 수 있는 냄새로, 생두와 약배전한 커피에서 맡을 수 있다. 추출할 때 보다는 분쇄할 때 더욱 명확하게 느낄 수 있다. 브라질과 우간다의 로부스타와 과테말라의 아라비카에서 쉽게 느낄 수 있다.

(3) no.4 오이^{Cucumber}

단단하고 아삭한 오이의 냄새로 멜론과 수박, 신선한 굴을 연상시키는 냄새이다. 베네수엘라 타치라 커피에서 가장 분명하게 확인할 수 있으며, 브라질의 세척하지 않은 아라비카 또는 콜롬비아의 엑셀소 등 다양한 커피에서 느낄 수 있다.

(4) no.11 티로즈^{Tea-Rose} / 레드커런트^{Redcurrant jelly}

터키와 불가리아에서 자라는 다마스커스 로즈의 향으로 다마스쿠스 에센셜 오일과 로스팅된 커피에서 발견되는 베타 다마세논에 기인하며, 레드커런트 젤리를 연상시키기도 한다. 로부스타보다 아라비카에서 더 강하게 나타나며, 커피를 분쇄할 때보다는 추출할 때 더욱 강하게 느낄 수 있다. 엘사바도르의 파카마라, 마라고지페, 최상의 과테말라 커피에서 느낄 수 있다.

(5) no.12 커피 꽃^{Coffee Blossom}

커피 꽃의 달콤한 향으로 콜롬비아, 베네수엘라와 과테말라 커피에서 나타난다. 또한 에티오피아 하라, 파푸아뉴기니의 시그리와 인도네시아 자바에서도 느낄 수 있다.

(6) no.15 레몬^{Lemon}

레몬 껍질에서 나는 신선하고 생기 있는 향으로 커피에 생기를 불어넣고 신선함, 우아함, 완벽한 균형감을 갖게 한다. 후각보다는 미각으로 더 명백하게 구분할 수 있으며, 케냐 AA, 과테말라의 몇몇 커피들에서 맡을 수 있다. 명확하게 구분할 수는 없지만 파푸아뉴기니 시그리에서 느낄 수 있다.

(7) no.16 살구^{Apricot}

신선한 살구나 살구 통조림, 살구 잼에서 맡을 수 있다. 에티오피아 시다모의 전형적인 특징이라고 할 수 있다.

(8) no.17 사과^{Apple}

사과 향은 미각을 신선하게 해주는 향으로 약간의 달콤함을 가지고 있다. 사과와 커피는 아세트알데히드, 헥사놀, 헥사노익산, 에스테르 등 많은 공통 성분을 가지고 있다. 상큼한 과일의 기본적인 향으로 중앙아메리카와 콜롬비아 커피에서 나는 향들의 바탕이 된다.

(9) no.19 꿀^{Honeyed}

꽃에서 맡을 수 있는 꿀의 냄새로 밀랍, 진저브레드 등과 담배 냄새를 연상할 수도 있다. 삼나무나 살구, 버터의 향만큼은 아니지만 아주 좋은 커피에서만 감지할 수 있는 고급스러운 향이다.

4) Dry Distillation

(1) no.6 삼나무^{Cedar}

가공되지 않은 나무나 연필을 깎을 때 맡을 수 있는 향으로 아틀라스 삼나무의 천연 에센셜 오일이다. 1등급 레드와인의 향을 연상시키는데 우간다 드루가, 부기수 에티오피아 리므, 고품질의 과테말라 커피와 온두라스 커피, 특히 자메이카 블루 마운틴과 하와이안 코나에서 두드러지게 나타난다.

(2) no.7 정향^{Clove-like}

클로브, 스위트윌리엄, 수염패랭이꽃, 약상자, 바닐라와 훈제제품 등을 연상시키는 맛있고 복잡한 향이 난다. 부룬디, 멕시코와 과테말라의 품질 좋은 아라비카에서 이 향을 맡을 수 있으며, 에티오피아 모카 하라에서 두드러지게 나타난다.

(3) no.8 후추^{Pepper}

후추의 얼얼하고 강렬한 풍미를 연상시키는 향으로 금속 느낌을 갖고 있다. 브라질 커피에서 주로 발견되며 짐바브웨의 질 좋은 커피에서도 느낄 수 있다.

(4) no.9 고수씨^{Coriander Seeds}

말린 고수풀 씨앗에서 맡을 수 있는 향으로, 머스캣 포도와 로즈우드에서 발견되는 꽃 향으로 만들어지는데 코리안더 풀에서 맡아지는 향과는 전혀 다른 향이다. 풍부하고 깊은 에티오피아 시다모에서 향과 맛으로 분명하게 느낄 수 있다.

(5) no.14 블랙 커런트^{Black Currant-like}

블랙커런트 관목은 강렬한 향을 발산하는 잎을 가지고 있는데, 회양목이나 쥐오줌풀을 연상시키는 향을 내고 그 향은 기막히게 좋지만 우리에게 익숙하지는 않다. 원두를 분쇄할 때 더욱 분명히 감지되며, 로부스타와 아라비카 모두에서 느낄 수 있으나 아라비카에서는 추출 시에도 느낄 수 있다. 이 향은 하와이안 코나, 케냐 키탈레, 자메이카 블루 마운틴에서 느낄 수 있다.

(6) no.23 엿기름, 맥아^{Malt}

보리의 곡물 냄새와는 완전히 다른 맥아로 부터 유래된 향이다. 이 향은 로스팅 정도에 따라 달라지는데 라이트 로스팅을 했거나 충분히 로스팅하지 않았다는 것을 의미한다. 다른 향들과 쉽게 섞이기 때문에 감지하기 어렵다. 에티오피아 드지마, 콜롬비아 후일라 산 아구스틴, 카우카, 온두라스의 커피에서 긍정적인 역할을 한다.

(7) no.24 메이플 시럽^{Maple Syrup}

그윽하지만 톡 쏘는 이 냄새는 부드러운 황설탕이나 감초를 연상시키는데 후각보다는 후미를 통해 느낄 수 있다. 하와이안 코나에서 두드러지며, 코스타리카 카라콜리, 콜롬비아 톨리마, 케냐의 커피들에서 느낄 수 있다.

(8) no.33 파이프 담배^{Pipe Tobacco}

담배 잎을 태우는 냄새로 로스팅할 때와 브라질의 아라비카를 추출할 때 두드러지는 향이다. 보통은 말린 채소와 굽는 냄새가 조합된 향이다. 케냐AA, 자이르와 아이티의 커피, 자메이카 블루마운틴, 하와이안 코나에서 넓은 스펙트럼으로 나타난다.

(9) no.34 로스팅 커피^{Roasted Coffee}

갓 로스팅한 커피의 냄새로, 유황의 구성물질인 프르푸릴 메르캡탄에 기인하며, 이 성분은 아주 극소량이지만 로스팅된 원두를 보관하는 동안에도 나타난다. 브라질과 엘살바도르, 에티오피아와 자바의 커피에서 느낄 수 있다.

표 6-8 커피 아로마 샘플 36종

Le Nez du Café by Jean Lenoir

Aromagroup	의미	No.	Aromas	의미
Earth	땅, 흙	1	Earth	흙
Vegetable	야채	2	Potato	감자
		3	Garden peas	완두콩
		4	Cucumber	오이
Dry/Vegetal	마른, 식물성	5	Straw	짚
Woody	나무, 수풀	6	Cedar	삼나무
Spicy	양념	7	Clove-like	정향 등 향료류
		8	Pepper	후추
		9	Coriander seeds	고수씨(미나리과)
		10	Vanilla	바닐라
Floral	꽃향	11	Tea-rose/Redcurrant jelly	티로즈, 레드커런트
		12	Coffee Blossom	커피꽃
Fruity	과일향	13	Coffee pulp	커피펄프
		14	Blackcurrant-like	블랙커런트=카시스베리
		15	Lemon	레몬
		16	Apricot	살구
		17	Apple	사과
Animal	동물성	18	Butter	버터
		19	Honeyed	꿀
		20	Leather	가죽
Toasty	토스트	21	Basmati rice	바스마티 쌀
		22	Toast	토스트
		23	Malt	맥아, 엿기름
		24	Maple syrup	메이플 시럽
		25	Caramel	캐러멜
		26	Dark chocolate	다크 초콜릿
		27	Roasted almonds	볶은 아몬드
		28	Roasted peanuts	볶은 땅콩
		29	Roasted hazelnuts	볶은 헤이즐넛
		30	Walnuts	호두
		31	Cooked Beef	구운 고기
		32	Smoke	스모크
		33	Pipe tobacco	파이프 담배
		34	Roasted coffee	볶은 커피
Chemical	화학제품	35	Medicinal	화학약품
		36	Rubber	고무

Aromatic taints   1, 5, 13, 20, 21, 31, 32, 35, 36

Sugar Browning   10, 18, 22, 25, 26, 27, 28, 29, 30

Enzymatic   2, 3, 4, 11, 12, 15, 16, 17, 19

Dry Distillation   6, 7, 8, 9, 14, 23, 24, 33, 34

1절
커피와 영양

커피는 쓴맛, 떫은맛, 신맛, 단맛 등이 조화를 이루는 대표적인 기호음료로 커피에 함유되어 있는 비휘발성과 휘발성 성분은 커피의 향과 질, 건강 증진 등에 중요한 역할을 한다. 이들 구성 성분은 커피콩의 품종, 생산지역과 재배환경, 가공과정 및 저장 등에 따라 그 함량이 달라지며, 이들 성분은 커피를 볶는 동안 높은 열에 의해 커피의 향과 맛을 내는 알코올, 알데히드, 케톤, 에스테르, 질소화합물 등이 생성되고 에스프레소의 크레마를 형성하며 캐러멜화 반응 등을 일으켜 커피의 독특한 색을 만들어 내게 된다.

커피 메뉴에서 가장 많이 사용되는 우유는 커피에 부족한 영양소를 보충해주고 커피의 쓴 맛을 줄여주며 부드럽게 해준다.

1. 커피

1) 주요 성분

커피의 비휘발성 성분은 수분, 탄수화물, 단백질과 유리아미노산, 지질, 무기질, 유기산, 트리고넬린, 카페인 등으로 구성되어 있다. 알코올, 에스테르, 탄화수소, 알데히드, 케톤과 같은 휘발성 성분은 로스팅하는 동안 열에 의해 950개 이상 생성되며 로스팅 정도와 로스팅 조건 등에 의해 영향을 받게 된다.

일반적으로 커피의 성분은 탄수화물 37~55%, 지질 10~15%, 단백질 11~15%, 무기질 3~5%, 지방 7~17%, 트리고넬린와 카페인은 각각 1% 가량, 클로로겐산 4~11%, 그밖에 휘발성 성분인 탄화수소, 알코올류, 알데히드, 에스테르 화합물 등을 포함하고 있는 것으로 파악되고 있다. 아라비카 종은 탄수화물, 지질과 트리고넬린을, 로부스타 종은 카페인과 클로로겐산을 더 많이 함유하고 있다.

그러나 커피의 성분은 생두의 종류, 생산지역과 재배환경, 가공과정 및 저장 등에 따라 그 함량이 달라진다.

표 7-1 생두와 원두의 성분 비교 (건조물 %)

성분		생두		원두	
		아라비카 종	로부스타 종	아라비카 종	로부스타 종
탄수화물	설탕	6.0-9.0	0.9-4.0	4.2	1.6
	환원당[1]	0.1	0.4	0.3	0.3
	다당류	34-44	48-55	31-33	37
	리그닌	3.0	3.0	3.0	3.0
	펙틴	2.0	2.0	2.0	2.0
질소화합물	단백질	10.0-11.0	11.0-15.0	7.5-10	7.5-10
	유리 아미노산	0.5	0.8-1.0	불검출	불검출
	카페인	0.9-1.3	1.5-2.5	1.1-1.3	2.4-2.5
	트리고넬린	0.6-2.0	0.6-0.7	1.2-0.2	0.7-0.3
지질	커피 오일[2]	15-17.0	7.0-10.0	17.0	11.0
	디테르펜	0.5-1.2	0.2-0.8	0.9	0.2
무기질		3.0-4.2	4.4-4.5	4.5	4.7
산	클로로겐산	4.1-7.9	6.1-11.3	1.9-2.5	3.3-3.8
	퀸산(quinic acid)	0.4	0.4	0.8	1.0
멜라노이딘(melanoidines)		-	25	-	25

1) 환원당(Reducing sugars)은 포도당, 과당, 맥아당, 유당 등과 같이 케톤기나 알데히드기를 갖고 있는 단당류나 이당류를 의미한다.
2) 커피 오일은 생두에서는 중성지방, 스테롤, 토코페롤의 함량이고, 원두는 중성지방의 함량이다.

자료 : Adriana Farah(2012). Coffee : Emerging Effects and Disease Prevention, p.28, p.38, John Wiley & Sons, Inc. 재구성

(1) 탄수화물

탄수화물은 커피의 주요 성분으로, 건조물로 50% 이상 함유하고 있다. 주로 단당류, 소당류, 다당류의 복합물로 구성되어 있다. 포도당glucose, 과당fructose, 만노스mannose, 아라비노스arabinose 와 같은 단당류와 설탕, 다당류 등의 탄수화물은 배전과정 중 캐러멜화 반응Caramelization과 아미노산 및 단백질 분해산물 등과 마이야르Maillard 반응을 통해 멜라노이딘melanoidins이 생성되어 커피의 색과 향에 영향을 줄 뿐만 아니라 산도acidity와 바디감body에도 기여하는 등 커피 품질에 중요한 역할을 한다.

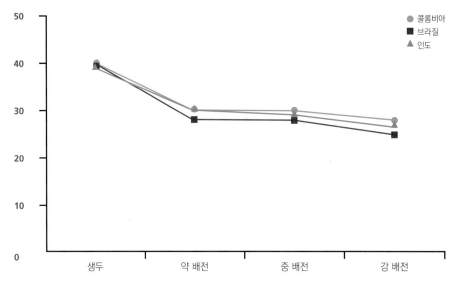

그림 7-1 배전과정 중 단당류의 변화
자료 : 김관중, 박승국(2006). 커피 원두의 배전공정 중 변화되는 주요 화학성분에 대한 연구, 한국식품과학회지 38(2) : 157, 재구성

(2) 지질

주로 배유endosperm에 적은 양이 함유되어 있는데, 지질 함량은 생두의 구성성분과 추출조건, 입자 크기와 표면적, 추출 용매의 선택과 추출 시간에 따라 달라질 수 있다. 지질은 주로 중성지질로 일반적으로 식물성 기름에서 볼 수 있는 지방산으로 이루어져 있다. 총 지질의 양은 아라비카 종이 로부스타 종의 2배 정도 된다.

카페스톨cafestol, 카웨올kahweol, 메틸카페스톨16-O-methylcafestol과 같은 디테르펜diterpenes은 생리적인 효과로 주목을 받고 있다. 특히 최근 로부스타 커피에서 발견된 메틸카페스톨은 커피 블렌드에서 로부스타 함유 여부를 알아내는데 이용되고 있다. 카페스톨, 카웨올은 여과한 커피나 인스턴트 커피보다 터키식 커피 또는 에스프레소와 같이 여과하지 않는 커피에 더 많이 함유되어 있다.

(3) 단백질

단백질은 미성숙한 생두보다 성숙한 생두에 더 많이 함유되어 있고, 유리 아미노산은 1% 정도로 수확 후 처리와 저장 온도에 따라 그 함량이 달라진다. 단백질은 로스팅 정도에 따라 20~50%가 감소하는데 단백질의 분해로 생성된 유리 아미노산과 펩티드는 환원당과 반응하여 멜라노이딘을 생성하고, 이것은 커피의 색을 나타내는데 관여한다. 아미노산 조성도 변

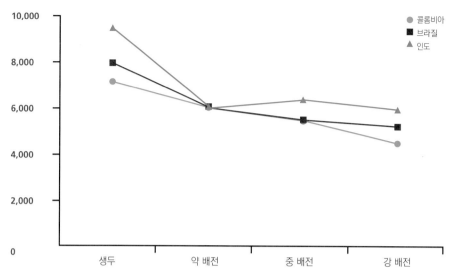

그림 7-2 배전과정 중 총 아미노산의 변화
자료 : 김관중, 박승국(2006). 커피 원두의 배전공정 중 변화되는 주요 화학성분에 대한 연구, 한국식품과학회지 38(2) : 155, 재구성

화하는데 글루탐산은 비교적 안정적이나 시스테인이나 아르기닌은 현저히 감소하거나 완전히 파괴된다. 에스프레소에서 크레마 형성 정도는 단백질의 양과 로스팅 정도에 따라 영향을 받는다.

(4) 무기질

생두의 무기질 함량은 약 4%로, 이 중 칼륨이 40%로 가장 많이 차지하고 있다. 이밖에 인, 마그네슘, 황 등을 함유하고 있는데, 무기질의 함량은 토양에 따라 차이가 난다. 아라비카 종보다 로부스타 종이 구리 함량이 높은 것으로 나타났다. 로스팅 과정 중 무기질의 변화는 없으나 인산의 경우 오히려 증가한다.

(5) 카페인

쓴맛을 갖고 있는 카페인은 열에 안정적이어서 로스팅하는 동안 거의 감소하지 않는다. 카페인은 아라비카 종에 비해 로부스타 종이 약 2배를 함유하고 있으며, 보통 커피 한 잔에 80~100mg 정도 들어 있다. 평활근의 이완작용, 이뇨작용, 중추신경 자극, 혈관 확장뿐만 아니라 최근에는 항산화작용 등 약리학적 기능성 성분으로 보고되고 있다. 그러나 과다복용하면 불안감과 메스꺼움 또는 수면 장애 등의 부작용이 일어날 수 있으므로 적당량의 섭취가 중요하다.

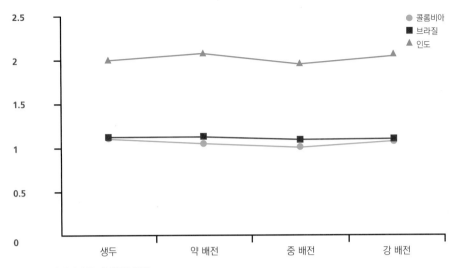

그림 7-3 배전과정 중 카페인의 변화
자료 : 김관중, 박승국(2006). 커피 원두의 배전공정 중 변화되는 주요 화학성분에 대한 연구, 한국식품과학회지 38(2) : 155, 재구성

(6) 트리고넬린

커피의 쓴맛을 내는 트리고넬린의 함량은 로부스타 종이 아라비카 종의 2/3 정도 함유하고 있다. 트리고넬린은 커피를 로스팅하는 동안 니코틴산과 여러 휘발성 물질을 만들어낸다. 특히 니코틴산은 생체 내에서 여러 가지 대사작용에 관여하며, 부족하면 피부 질환인 펠라그라에 걸리게 된다.

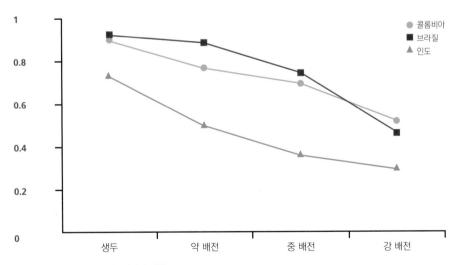

그림 7-4 배전과정 중 트리고넬린의 변화
자료 : 김관중, 박승국(2006). 커피 원두의 배전공정 중 변화되는 주요 화학성분에 대한 연구, 한국식품과학회지 38(2) : 155, 재구성

(7) 클로로겐산

커피에 다량 함유되어 있는 폴리페놀 성분의 일종으로, 커피의 수렴성, 쓴맛, 산도와 관련이 있다. 특히 생두에 높은 함량으로 함유되어 있으면 로스팅하기 전 산화와 분해로 인하여 좋지 않은 향을 만들어낼 수 있다. 클로로겐산은 열에 불안정하여 로스팅 정도에 따라 함량이 감소된다.

클로로겐산은 생체 내에서 활성 산소를 억제하여 노화를 예방하는 항산화작용은 물론, 항균활성 및 항암성 물질로 작용하는 것으로 보고되고 있다.

일반적으로 클로로겐산의 함량은 커피의 품종에 따라 다르게 나타나는데, 로부스타 종이 아리비카 종에 비해 1.5~2배가 많은 것으로 나타났다.

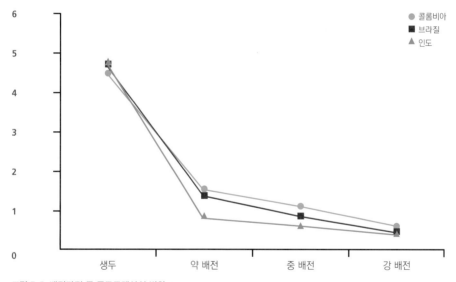

그림 7-5 배전과정 중 클로로겐산의 변화
자료 : 김관중, 박승국(2006). 커피 원두의 배전공정 중 변화되는 주요 화학성분에 대한 연구, 한국식품과학회지 38(2) : 155, 재구성

표 7-2 커피류의 일반 성분

식품명	일반 성분						무기질							비타민					
	에너지 (kcal)	수분 (g)	단백질 (g)	지질 (g)	탄수화물 (g)	콜레스테롤 (mg)	칼슘 (mg)	철 (mg)	마그네슘 (mg)	인 (mg)	칼륨 (mg)	나트륨 (mg)	레티놀 (µg)	비타민 D (µg)	비타민 E (mg)	비타민 K$_1$ (µg)	비타민 B$_1$ (mg)	비타민 B$_2$ (mg)	나이아신 (mg)
원두(볶은 것)	431	4.6	13.7	13.5	63.7	–	98	4.0	–	168	2000	3	0	–	–	–	0.05	0.12	10.0
원두(음액)	4	99.0	0.3	0.1	0.5	–	4	0.3	–	2	34	2	0	–	–	–	0.07	–	0.6
원두(추출)	4	98.6	0.2	Tr	0.7	0	2	Tr	6	7	65	1	0	0	0	0	0	0.01	0.8
무카페인 커피 (가루)	351	3.20	11.60	0.20	76.00	0	140	3.80	311	286	3501	23	0	0	0	1.9	0	1.360	28.075
캔커피	38	90.5	0.81	0.12	8.34	0	24	0.05	6	21	69	37	0	0	0.09	0	0.009	0.034	0.216
커피믹스 (가루)	426	1.7	3.59	8.54	83.80	0	115	0.39	54	288	972	13	0	0	0	0	0.072	–	6.272
커피믹스 (음액)	48	88.2	0.4	0.3	10.9	–[1]	14	tr	–	36	113	3	0	–	–	–	0.35	0.08	0.2
커피맛 가공우유	64	85.8	2.44	1.38	9.82	6.78	81	0.05	9	61	125	29	20	0	0.52	0	–	0.112	0.045

1) – : 수치가 애매하거나 측정되지 않음

자료 : 농촌진흥청(2017). 국가표준식품성분표 제9개정판

2) 생리적 효능

커피는 오랜 기간 동안 전 세계에서 가장 많이 소비되는 음료이다. 커피는 수많은 화학물질로 이루어졌는데, 이들 중 클로로겐산, 카페인, 카페스톨과 카웨올 같은 디테르펜 등은 생체 내에서 항산화 작용, 항염증, 항돌연변이나 항암 효과와 같은 생리적 활성작용을 한다. 최근 여러 연구에 의하면 하루에 커피 2~3컵을 마시면 관상동맥, 당뇨, 암, 파킨슨, 알츠하이머와 같은 질환에 효과적이라고 밝히고 있다. 그러나 지나친 커피의 섭취는 불면증, 신경과민, 심장 박동이 빨라지고 흥분과 불안감이 발생할 수 있으며 근육 떨림 등 여러 가지 위험요인을 갖게 한다. 특히 카페인의 경우 청소년, 임산부, 카페인에 민감한 사람에 대해서는 지나친 섭취를 제한하기 위해 최대 일일 섭취 권고량을 정하고 있다.

커피에 있는 수많은 성분들은 우리 몸에 유익하게 작용도 하지만, 지나치게 커피를 많이 마시거나 흡연, 영양 섭취의 불균형, 운동 부족 등 생활습관 여하에 따라 인체에 해가 될 수도 있다.

(1) 뇌기능

뇌와 뇌의 기능에 주로 영향을 미치는 커피 성분 중 하나는 카페인이다. 카페인은 혈류를 타고 뇌로 가 신경세포의 활동을 활발하게 하여 민첩성, 주의력, 집중력, 기억력 등 일반적인 인지기능 등을 높여주고, 기분을 좋게 하여 우울증을 완화시키며, 수면 시간의 단축과 각성 시간을 증가시킨다. 하루에 1~2잔의 커피를 마시면 사고력이 높아지고 의식도 맑게 해준다. 그러나 과도한 섭취는 오히려 숙면 방해, 피로 누적, 불안, 신경과민 증상 등을 불러일으킬 수 있다.

(2) 신체 활동

카페인이 신경계를 자극하여 지방 세포에 신호를 보내 체지방이 분해되면 혈액 속 유리지방산이 증가하게 되고, 이것을 에너지원으로 사용할 수 있다. 카페인은 글리코겐보다 먼저 피하지방을 에너지로 변환하는 작용을 하기 때문에 글리코겐 절약 작용과 함께 신체 활동이 평균 11~12% 증진될 수 있다. 카페인은 달리기, 자전거 타기 등 유산소 운동 시 지구력을 향상시킨다.

(3) 질병

커피에 함유되어 있는 카페인, 항산화제나 디테르펜 등의 성분은 세포의 돌연변이나 그와 관련된 인자들을 제거하거나 억제함으로써 암을 포함하여 여러 가지 질병 발생률을 감소시키기 때문에 수명을 연장시킬 수 있다. 커피를 마시면 사망 위험률이 남성은 20% 낮아지고, 여성은 26% 낮아진다는 연구 보고도 있다.

① 제2형 당뇨병

제2형 당뇨병은 인슐린 저항성이나 인슐린 분비 저하로 혈중 당 농도가 올라가 발생하는 질병으로, 각종 합병증을 일으켜 사망률을 높이는 질환이다. 커피에 함유되어 있는 클로로겐산 등 항산화물질이 당뇨병의 발병을 예방하는 것으로 보고되고 있다.

② 뇌 질환

알츠하이머Alzheimer's disease는 뇌신경의 손상이나 노인성 뇌 질환과 관련이 있다. 커피 성분 중 트리고넬린은 기억 증진에 도움을 주고, 카웨올과 카페스톨은 과산화수소로 인한 산화를 억제하고 DNA 손상을 개선하는데 효과적인 것으로 나타났다. 최근 연구에 의하면 커피를 마시는 사람은 치매의 원인이 되는 알츠하이머에 걸릴 수 있는 위험요인이 낮은 것으로 보고되고 있다.

파킨슨병Parkinson's disease은 운동성 뉴런의 불활성화로 발생하는 뇌병변으로, 나이, 납 등의 중금속, 당뇨와 같은 만성질환 등과 관련이 있고, 과도한 지방 섭취, 고칼로리, 머리 외상 등 발병 원인이 다양하다. 커피의 카페인은 파킨슨병의 발병을 낮추는데, 디카페인 커피를 마시는 사람에게는 효과가 없는 것으로 나타났다.

③ 암

암은 연령, 성별, 식습관, 유전적 요인, 면역이나 호르몬의 이상, 대기오염이나 중금속 중독 등 수많은 위험 인자에 의해 발생한다.

커피는 장의 운동을 증가시키고, 카페스톨과 카웨올은 결장직장암을 일으키는 발암 성분으로부터 보호해주며, 카페인은 결장암세포의 성장을 억제함으로써 결장직장암을 막아주는 역할을 한다. 적당한 커피 섭취는 간의 섬유화, 간경변, 지방간과 C형 간염의 발병률을 감소시켜 간암으로 발병하는 것을 막아준다. 커피는 이뇨 작용, 항산화 작용과 인슐린에 대한 감수성을 높여주어 신장암 위험률을 낮춰준다.

④ 심혈관계 질환

심혈관 질환은 죽음을 초래하는 질병으로, 높은 콜레스테롤 수치, 동맥경화, 동맥의 석회화 등 여러 가지 요인에 의해 발생한다.

카페인은 혈압을 올리고 카페스톨과 카웨올 등은 혈중 지질을 높이는 것으로 알려져 있는데, 하루에 8잔 이상의 과도한 커피 섭취는 부정맥을 악화시킬 수 있다. 하지만 관상동맥심장병과 관련하여 커피만으로 위험인자가 되는 것은 아니고 흡연, 술 등과 같은 생활습관이 더 관련이 있다. 커피에 있는 클로로겐산과 카페산caffeic acid은 항산화제로, 염증의 진행을 낮추고 유리 라디칼free radical과 내피세포의 손상 등을 낮추는 역할을 한다.

고혈압이 있는 사람은 디카페인 커피를 마시고, 고 콜레스테롤을 피하기 위해 프렌치 프레스 커피나 터키식 커피보다는 카페스톨과 카웨올의 함량이 적은 여과한 커피나 인스턴트 커피를 마시는 것이 좋다.

⑤ 소화기계 질환

많은 위장관의 질환은 식품이나 음주로 인하여 유발된다. 커피를 마시는 것이 직접적으로 속쓰림 등 위장관 질환을 증가시킨다는 증거는 없지만 역류성 식도염이나 소화성 궤양 환자는 카페인이 들어 있는 커피 섭취를 삼가는 것이 좋다.

커피를 마시는 사람이 커피를 마시지 않는 사람에 비해 담석에 걸릴 위험이 적다. 이는 커피에 있는 카페인이 담낭을 수축시켜 초기 단계에는 담석의 작은 입자들이 큰 담석이 되는 것을 막아주지만, 그러나 담석이 크다면 오히려 통증을 더 유발시킨다. 커피는 철이나 아연의 흡수를 저해하여 무기질 결핍증이 나타날 수 있다.

(4) 임신

임신 초기에 카페인의 섭취는 구역질, 구토 등에 도움이 된다. 하지만 임산부가 커피나 카페인을 다량 섭취하면 카페인이 태반을 통해 태아에게 전달되어 카페인에 대해 매우 민감하게 되고, 자궁 내에서 성장이 억제되어 출산 시 체중이 감소하며 유산의 위험률도 증가한다. 하루에 한 잔 정도 마시는 것이 좋다.

3) 카페인의 일일 권장량

최근 커피 산업의 비약적인 발전과 함께 커피 소비량이 증가되고 있으며, 건강에 대한 관심
이 높아지면서 커피의 여러 가지 약리 작용이 주목을 받게 되었다. 특히 커피와 함께 차, 초
콜릿, 코코아 제품 및 에너지 음료 등에 함유되어 있는 카페인은 심장 박동과 기초대사율
을 증가시키고 위산 분비를 촉진시키며 소변량을 증가시키고, 혈관의 수축·팽창과 근육운

표 7-3 카페인 섭취 주요 기여식품

자료 : 식품의약품안전처 보도자료(2013. 8. 6.) http://www.mfds.go.kr/index.do?mid=675&seq=20953&cmd=v

표 7-4 카페인의 국내외 관리 현황

구분	한국	캐나다	미국	유럽연합	호주	일본
카페인 지정 현황	○	○	○	○	○	○
카페인 사용 기준 (음료)	0.015% (150ppm) (다만, 5배 이상 희석하여 음용하거나 사용하는 콜라형음료는 0.075% 이하)	0.02% (200ppm) (콜라형음료)	0.02% (200ppm) (콜라형음료)	별도규정 없음	무알콜성 조제 카페인 음료: 145~320ppm 콜라형음료: 0.0145%(145ppm)	별도 규정 없음
표시 기준	0.015% 이상: '고카페인 함유' 총카페인 함량, 주의문구 표시	0.02% 이상 에너지음료: '고카페인 함유' 총카페인 함량, 주의문구 표시	'카페인' 표시 카페인 함량은 반드시 표시할 필요는 없음 *제조업자가 자발적으로 카페인 함량 표시 또는 주의문구 표시	0.015% 이상: '고카페인 함유' 총카페인 함량 (mg/100mL), 주의문구 표시 *커피, 차, 또는 커피 및 차 추출물로 만든 음료에는 적용되지 않음	무알콜성 조제카페인 음료: 총카페인 함량 (mg/100mL), 주의문구 표시 콜라형음료: 카페인 표시	별도 규정 없음
최대 일일 섭취 권고량	어린이 2.5mg/kg·bw 이하 성 인 400mg 이하 임산부 300mg 이하		–	어린이 3mg/kg ·bw 이하 성 인 400mg 이하 임산부 200mg 이하	임산부 300mg 이하	–

자료 : 식품의약품안전처 보도자료(2015. 6. 30)

표 7-5 커피 제품의 일일 최대 섭취량(카페인 일일 섭취량 기준)

분류		성인	중·고등학생(몸무게 50kg)
카페인 일일 섭취 권장량		400mg	125mg
제품	커피전문점 커피	3.3잔	1잔
	에너지 음료	4캔	1.3캔
	액상 커피	4.8캔	1.5캔
	캡슐 커피	5.4잔	1.7잔
	조제 커피	8.3봉	2.6봉

자료 : 식품의약품안전처 보도자료(2012.10.11.) http://www.mfds.go.kr/index.do?mid=675&seq=18764&cmd=v

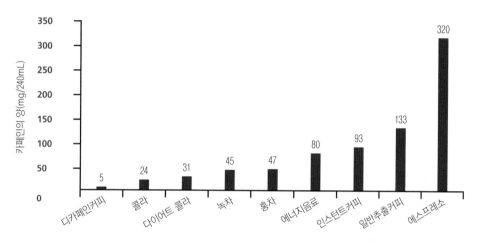

그림 7-6 식품별 카페인 함량
자료 : MELANIE A. HECKMAN, JORGE WEIL, and ELVIRA GONZALEZ DE MEJIA(2010). Caffeine (1, 3, 7-trimethylxanthine) in Foods: A Comprehensive Review on Consumption, Functionality, Safety, and Regulatory Matters, *J of Food Science* 75(3) : R78, 재구성

동 능력을 향상시키는 것으로 알려져 있다. 그러나 식욕부진, 불안, 메스꺼움, 구토 등의 부작용이 있으며, 만성중독 시에는 신경과민이나 근육경련, 불면증 등이 나타날 수 있는 것으로 보고되고 있다.

특히 어린이나 청소년, 임산부의 지나친 카페인 섭취는 칼슘 흡수 불균형, 골밀도 감소 및 골다공증을 유발할 수 있으며 태아의 발육저하 등에 영향을 미칠 수 있다.

식품의약품안전처는 카페인의 일일 섭취 권고량을 성인의 경우 400mg 이하, 임산부 300mg으로 정했고, 어린이·청소년은 체중 1kg당 하루 2.5mg 이하로 섭취하라고 권고하고 있다.

체중 60kg의 청소년이 하루 커피음료 1캔(229mg)과 에너지음료 1캔(256mg)만 마셔도 각각 88.4mg과 62.1mg의 카페인을 섭취하게 되어 최대 일일 섭취 권고량인 150mg을 넘는다.

성인은 커피전문점 등에서 커피를 하루 4장 이상 마시면 일일 섭취 권고량 이상의 카페인을 섭취하게 된다. 따라서, 2013년 1월부터 고카페인 함유식품에 대한 카페인 함량 표시 및 어린이, 임산부와 카페인에 민감한 사람의 경우 섭취를 자제하도록 주의 문구를 제품에 의무적으로 표시하게 되었다.

2. 우유

우유는 소화 흡수가 좋은 뿐만 아니라 생명을 유지하고 신체 활동에 필요한 모든 영양소가 적절히 들어 있는 완전식품에 가까운 식품이다.

우유는 커피 메뉴에서 가장 많이 쓰이는데, 우유 자체 또는 작은 거품을 만들어 사용하기도 한다. 1685년 프랑스의 의사 시외르 모닌Sieur Monin이 지나치게 진한 커피를 좋아하는 위장 장애 환자나 쓴맛의 커피를 싫어하는 환자들에게 커피에 우유를 타는 카페오레café au lai를 처방한 것이 커피에 우유를 넣어 마시게 되는 계기가 되었다고 전해진다.

1) 주요 성분

(1) 단백질

단백질의 함량은 3~4%로 주된 단백질은 카세인casein이고, 그 밖에 유청단백질whey protein과 미량의 단백질과 질소 화합물을 함유하고 있다. 카세인은 칼슘과 결합하여 우유의 유백색을 띄게 하고 산과 결합하여 치즈 제조에 이용된다. 유청 단백질은 약 65℃ 이상의 열을 가하면 피막을 형성하고, 익은 냄새가 나며 냄비 바닥에 침전물을 생기게 한다.

(2) 지질

우유 중 지질은 3% 정도 함유되어 있는데, 지름 1~10㎛의 입자 상태로 우유에 분산되어 있다. 우유와 유제품에 있는 낙산butyric acid은 독특한 향기를 주는데, 지질이 산화 변패가 되면 불쾌한 냄새의 원인이 된다.

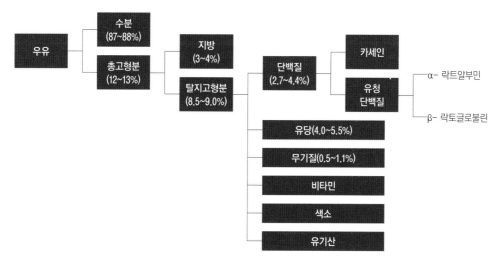

그림 7-7 우유의 성분

(3) 탄수화물

탄수화물의 4~5% 함유하고 있는데, 그 중 대부분은 유당^{lactose}이고 나머지는 미량의 포도당 ^{glucose}, 갈락토오스^{galactose} 등이 존재하여 단맛을 내게 한다. 유당은 단맛은 약하나 유산균 의 증식과 칼슘의 흡수를 촉진한다. 열처리 과정에서 캐러멜화 반응으로 갈색을 띠게 한다.

(4) 비타민과 무기질

우유에는 지용성 비타민 A, D, E, K가 지방구에 녹아 있고, 소량의 B군과 같은 수용성 비타 민을 함유하고 있으나 비타민 C나 E는 적게 함유하고 있다. 무기질은 칼슘이 풍부할 뿐만 아니라 인과의 비율도 거의 1:1로 체내 이용률도 좋다. 그러나 빈혈예방에 좋은 철이나 구리 등 무기질의 양은 적다.

2) 커피와 우유

커피에 우유를 첨가하면 미각 측면에서 좋아지는 것과 더불어 시각적 측면에서도 매우 좋 은 결과를 가져온다. 커피의 쓴맛에 달콤한 우유가 첨가되면 고소한 맛이 살아날 뿐만 아니 라 짙은 커피색이 브라운 계열의 옅은 색상으로 변해 시각적으로 긍정적인 변화를 가져온다.

커피에 넣을 우유는 70℃ 내외로 데우는 것이 좋은데, 이 온도에서 우유는 고소하고 달콤한 맛이 최대가 되기 때문이다. 겨울철에는 75℃, 여름철에는 68℃ 정도로 데우는 것이 좋다.

(1) 영양 보충

우유에 함유되어 있는 영양 성분의 첨가로 인하여 열량이 증가하고, 단백질, 지질, 유당, 칼슘 등 보충으로 간단한 식사 대용으로도 가능하다. 특히 지나친 커피 섭취는 칼슘 흡수를 저해하여 골다공증에 걸릴 위험이 있는데, 칼슘 함량이 높은 우유와 함께 섭취한다면 이를 예방할 수도 있다.

(2) 맛의 조화

우유를 첨가하면 우유의 단맛으로 인하여 커피의 쓴맛이 중화되고, 우유의 풍부한 단백질과 지질로 인하여 부드러운 질감과 고소한 맛을 느낄 수 있게 해준다.

(3) 색의 조화

커피는 로스팅 과정에서 열에 의해 짙은 갈색으로 변화한다. 우유는 카세인과 유지방의 소립자가 분산되어 유백색을 띄는데, 커피에 우유를 첨가하면 색이 옅어지기도 하고 블랙과 화이트가 조화를 이루는 시각적인 효과를 얻을 수도 있다.

(4) 안정제 효과

커피 중 카페인은 각성제로 신경을 예민하게 하여 불면증에 걸리게 할 수도 있다. 그러나 우유에 함유되어 있는 필수아미노산의 일종인 트립토판은 신경을 진정시키는 세로토닌을 생성함으로써 긴장을 완화시켜 심리적으로 안정감을 얻는데 도움을 준다.

표 7-6 우유 및 유제품류의 일반 성분

(가식부 100g당)

| 식품명 | 일반성분 | | | | | 무기질 | | | | | | | 비타민 | | | | | | 콜레스테롤 (mg) |
	에너지 (kcal)	수분 (g)	단백질 (g)	지질 (g)	탄수화물 (g)	칼슘 (mg)	철 (mg)	마그네슘 (mg)	인 (mg)	칼륨 (mg)	나트륨 (mg)	레티놀 (μg)	비타민 D (μg)	비타민 E (mg)	비타민 B_1 (mg)	비타민 B_2 (mg)	나이신 (mg)	비타민 C (mg)	
우유	66	87.4	3.08	3.32	5.53	113	0.05	10	84	143	36	55	0	0	0.021	0.162	0.301	0.79	9.69
강화우유 (고칼슘)	64	86.8	2.98	2.77	6.53	205	1.19	10	88	144	37	171	2.02	2.01	0.163	0.134	0.051	0.46	14.61
저지방우유	42	90.1	3.43	0.90	4.86	116	0.03	11	87	149	37	13	0	0.06	0.017	0.127	0.256	0.27	9.10
산양유	62	88.4	3.16	3.62	4.03	149	0.03	16	134	201	40	67	0	0	-	0.034	0.215	0.33	16.47
가당연유	382	16.3	7.76	7.84	66.30	273	0	25	238	366	101	95	0	0.11	0.051	0.453	0.177	2.19	26.95
무가당연유	129	74.5	5.56	5.73	13.12	165	0.28	14	158	226	87	169	6.96	3.93	0.026	0.317	0.126	0	2.39
크림 (유지방 45%)	433	49.5	2.0	45.0	3.1	60	0.1	4	50	80	27	380	0.5	0.9	0.02	0.09	Tr	Tr	120
크림 (유지방 38%)	380	55.3	2.0	39.2	3.1	64	0.4	-	48	75	21	266	-	-	0.13	0.11	0.6	0	-
휘핑크림	400	52.2	2.0	40.7	4.7	39	0.5	-	51	87	62	32	-	-	0.04	0.12	0.3	1	-
전지분유	514	2.7	25.46	27.32	39.07	977	0.13	89	770	1298	322	418	0	0.49	0.168	1.064	0.913	8.41	83.80
탈지분유	364	4.3	33.88	0.97	53.16	1414	0.15	120	1068	1665	432	0	0	0	0.158	1.314	1.266	10.10	26.15
아이스크림 (유지방 8%)	180	63.9	3.9	8.0	23.2	140	0.1	13	120	190	110	55	0.1	0.3	0.06	0.20	0.1	Tr	53
아이스크림 (유지방 12%)	212	61.3	3.5	12.0	22.4	130	0.1	14	110	160	80	100	0.1	0.2	0.06	0.18	0.1	Tr	32
액상요구르트	69	83.2	1.29	0.02	15.23	45	0.02	4	33	60	17	0	0	0	0.015	0.064	0.020	0.46	0.59
액상요구르트 (가당)	88	81.7	3.03	2.96	11.66	110	0.04	10	82	141	39	60	0	0	0.013	0.486	0.264	0	8.76

1) - : 수치가 애매하거나 측정되지 않음
2) tr : 식품성분 함량이 미량 존재

자료 : 농촌진흥청(2017). 국가표준식품성분표 제9개정판

2절
위생 관리

식품은 영양소가 골고루 들어 있고 부패나 변질되었거나 유독, 유해물질 등에 오염되지 않아 품질과 선도가 양호하고 안전성을 갖춘 것이어야 하며, 그 기능성은 영양, 기호적 측면뿐만 아니라 생체 방어와 리듬을 조절하여 질병예방이나 노화 방지 등 생리적인 기능도 갖추어야 한다. 그러나 식품을 취급하거나 관리시 부주의로 인하여 식품이 인체에 유해한 미생물이나 유독 물질에 의해 오염되었을 때 질병이 발생될 수 있다.

커피의 경우 커피콩을 습기가 많은 곳에서 보관하였을 때 곰팡이나 세균에 의해 오염되어 이들이 생성하는 독성성분으로 인하여 또는 높은 온도에서 로스팅하는 동안 커피 성분이 물리 화학적 변화로 인하여 생성되는 물질들이 건강에 유해한 결과를 초래할 수 있다. 따라서 커피는 본래의 특성을 유지하고 품질 저하를 막기 위해서 최적의 수분 함량, 온도, 습도 조절과 빛 차단 등 올바르게 저장해야 한다.

1. 위해요소

식품은 의약으로 섭취하는 것 이외의 모든 음식물을 말하는데, 식품의 원재료 자체에 함유하고 있는 유독하거나 유해한 성분, 외부로부터 혼입된 미생물이나 잔류농약, 방사선 등 오염, 제조나 가공, 유통하는 과정에서 생성되는 물질들로 인하여 건강을 해치거나 해칠 우려가 있다. 특히 "식품 섭취로 인하여 인체에 유해한 미생물 또는 유독물질에 의하여 발생하였거나 발생한 것으로 판단되는 감염성 질환 또는 독소형 질환" 을 식중독이라 한다. 그리고 "역학조사 결과 식품 또는 물이 질병의 원인으로 확인된 경우로서 동일한 식품이나 동일한 공급원의 물을 섭취한 후 2인 이상의 사람이 유사한 질병을 경험한 사건" 을 집단 식중독이라 한다.

식중독과 구분되어지는 감염병은 특정 병원체나 병원체의 독성물질로 인하여 발생하는 질병으로 감염된 사람으로부터 감수성이 있는 숙주^{사람}에게 감염되어 호흡기계 질환, 위장관 질환, 간질환, 급성 열성 질환 등을 일으키며, 전파 방법은 사람 간 접촉, 식품이나 식수, 곤충 매개, 동물에서 사람으로 전파, 성적 접촉 등에 의한다.

1) 생물학적 위해요소

곰팡이, 세균, 바이러스 등 미생물, 기생충이나 원충 등에 함유된 식품을 섭취했을 때 발생하는 경우로 식품에서 가장 많이 발생할 수 있는 요소이다.

생물학적 위해요소는 식품의 원료, 제조, 가공, 보관과정뿐만 아니라 작업장으로 미생물의 유입되어 오염될 수 있는데, 개인 위생 불량이나 먹는 물의 오염, 작업 환경 불량 등으로 인하여 발생될 수 있다.

표 7-7 생물학적 위해요소

분류		종류	원인균 및 물질
미생물 식중독 (30종)	세균성 (18종)	감염형	살모넬라, 장염비브리오, 콜레라, 비브리오 불니피쿠스, 리스테리아 모노사이토제네스, 병원성대장균(EPEC, EHEC, EIEC, ETEC, EAEC), 바실러스 세레우스, 쉬겔라, 여시니아 엔테로콜리티카, 캠필로박터 제주니, 캠필로박터 콜리
		독소형	황색포도상구균, 클로스트리디움 퍼프린젠스, 클로스트리디움 보툴리늄
	바이러스성 (7종)	–	노로, 로타, 아스트로, 장관아데노, A형간염, E형간염, 사포 바이러스
	원충성(5종)	–	이질아메바, 람블편모충, 작은와포자충, 원포자충, 쿠도아

자료 : 식중독 예방 대국민 홍보 사이트(http://www.mfds.go.kr)

2) 화학적 위해요소

화학적 위해 요소에는 곰팡이 독과 같은 자연독과 식품의 제조, 가공, 포장, 보관, 유통, 살균이나 소독과정에서 유입, 오염되는 화학물질을 말한다.

자연독은 식품이 갖고 있는 독성성분이나 곰팡이에 의해 생성된 독성물질로 열에 의해서도 쉽게 파괴되지 않는다. 커피콩을 습기가 많은 곳에서 보관했을 때 곰팡이에 의해 오염되어 생성되는 독성성분인 오크라톡신 A[Ochratoxin A]는 적은 양으로도 기형 발생, 돌연변이, 발암, 면역 억제를 일으키는 강력한 신장독이며 간장독이므로 커피의 보관에 각별한 주의를 요한다.

잔류 농약, 대기나 토지 오염으로 인한 수은 납 등 중금속 중독, 제조와 가공, 포장 처리하는 동안 생성된 유해물질은 급성 또는 만성 중독을 일으켜 사망을 야기시킬 수 있다.

생두의 잔류 농약 검출이나 로스팅과 같은 높은 온도에서 커피를 볶을 때 생성되는 아크릴아미드, 퓨란과 다환방향족탄화수소[Polycyclic aromatic hydrocarbons:PAHs]와 같은 화합물은 장기간 노출되면 동물에게 있어서 암의 원인으로 알려져 있으므로 지속적인 모니터링이 필요하다.

표 7-8 화학적 위해요소

구분		종류	관련 식품	
천연독성 물질	곰팡이 독소	오클라톡신 A, 아플라톡신, 파튤린, 제랄레논 등	땅콩, 피칸, 호두 등 견과류, 커피, 옥수수 등 곡류, 유제품, 상한 과실류, 사과주스 등	
	기타	알레르기 유발물질, 패류독소, 버섯독, 복어독, Mycotoxin 등	우유, 계란, 밀, 땅콩, 대두, 어패류, 버섯 등	
첨가물	식품첨가물, 세척 및 살균, 소독제 등	보존제(방부제, 보존료, 항미생물제), 항산화제, 착색제, 금속제거제, 계면활성제, 안정제, 표백제, 세척제, 살균, 소독제 등		
잔류물		잔류농약, 잔류동물약품 (항생물질), 포장재혼입/ 잔류물질 등	잔류 농약	곡류, 채소, 과일
			잔류 동물 약품	식육, 양식 어류
중금속		수은, 납, 카드뮴, 비소, PCB 등	토양오염, 조리기구, 포장재, 해수어패류, 담수어패류, 등	
가열, 조리 시 생성물질		다환방향족 탄화수소(PAHs), 아크릴아마이드, 3-MCPD 등	PAHs	굽기, 튀기기, 볶기 등 과정에서 탄수화물, 지질, 단백질의 탄화에 의해서 생성
			아크릴 아미드	프렌치프라이, 포테이토칩, 감자 스낵류, 시리얼, 빵류, 건빵, 비스킷류
			3-MCPD	산분해 간장
환경호르몬		다이옥신, 프탈레이트류, 비스페놀 A 등	포장재, 담배 등	

자료 : 대구지방식품의약품안전청, 한국도로공사 경북지역본부(2009). Hi-safer food. http://www.mfds.go.kr 재구성

3) 물리적 위해요소

식품에 함유되어서는 안 되는 흙, 유리, 금속 등 이물질이 제거되지 않는 경우를 말하며 원료의 처리 과정이나 작업장 위생불량, 종사자들의 취급 부주의 등으로 발생될 수 있다.

표 7-9 물리적 위해요소

구분	이물
동물성 이물	바퀴벌레, 곤충, 파리 등 성충, 번데기, 유충, 알 및 이들의 파편, 지렁이, 머리카락(동물의 털), 기생충 및 그 알, 쥐, 뼛조각, 어류 가시 등
식물성 이물	곰팡이류, 나무조각, 지푸라기, 종이류, 씨앗 등
광물성 이물	유리조각, 쇳가루(쇳조각, 철사), 도자기 파편, 모래, 토사, 은박지 등
기타 이물	합성섬유, 비닐(포장지), 고무, 플라스틱, 벨트 조각, 탄화물 등

자료 : 대구지방식품의약품안전청, 한국도로공사 경북지역본부(2009). Hi-safer food. http://www.mfds.go.kr

2. 위생 관리

식품 위생에서 가장 중요한 것은 위해 요소들의 제거에 있다. 따라서 식품의 부패나 미생물이 만들어 내는 독소 생성을 억제하기 위해서는 미생물의 성장 요소에 대한 관리가 중요하다.

수분은 미생물 생육에 필수요소로 미생물이 성장하지 못하도록 수분을 감소시켜야 한다. 특히 곰팡이는 낮은 온도뿐만 아니라 수분의 함량이 적은 조건에서도 생육이 가능한데 곰팡이가 증식하면 식품이 부패될 뿐만 아니라 때로는 독소를 생성하기도 하는데 곰팡이에 의해 생성된 독을 곰팡이독mycotoxin이라 한다. 커피를 수확한 후 콩을 선별하고 건조, 저장하고 거래하는 동안에 수분 함량이 최대 12.5% 정도이어야 하는데, 13.5%가 넘어가면 곰팡이가 번식할 수 있다. 온도는 18~20℃, 습도는 55~60%를 유지해야 하며 직사광선을 피할 수 있는 곳에 보관해야 한다.

또한 식품 취급 시 오염을 방지하기 위해서는 손은 비누로 깨끗이 씻고 두발 및 위생복 착용 등 개인위생을 준수해야 하고 식재료의 보관 및 저장, 식자재의 세척 및 살균 등을 위생적으로 해야 한다. 특히 물은 식중독 발생뿐만 아니라 수인성 감염병의 원인이 되기도 함으로 정수기나 냉·온수기의 관리를 철저히 해야 한다.

표 7-10 손 씻기를 통한 세균 제거율

씻는 조건	방법	균수		제거율(%)
		씻기 전	씻은 후	
수돗물	담아 놓은 물 흐르는 물	4,400 40,000	1,600 4,800	63.6 88.0
뜨거운 물	담아 놓은 물 흐르는 물	5,700 3,500	750 58	86.8 98.3
비누 사용 수돗물	흐르는 물(간단히) 흐르는 물(철저히)	849 3,500	54 8	93.6 99.8

자료 : http://www.mfds.go.kr/fm/index.do?nMenuCode=44

표 7-11 정기 건강진단 항목 및 횟수

대상	건강진단항목	횟수
식품 또는 식품첨가물(화학적 합성품 또는 기구등의 살균·소독제를 제외한다)을 채취·제조·가공·조리·저장·운반 또는 판매하는데 직접 종사하는 자. 다만, 영업자 또는 종업원 중 완전 포장된 식품 또는 식품첨가물을 운반 또는 판매하는데 종사하는 자를 제외한다.	장티푸스(식품위생관련 영업 및 집단급식소 종사자에 한한다.)	1회/년
	폐결핵	
	전염성 피부질환(한센병 등 세균성 피부질환을 말한다.)	

1) 개인 위생

손은 육안으로는 보이지 않지만 많은 세균이 존재하여 위해 미생물에 의해 식중독의 발생이나 식품을 다루는 과정에서 교차오염이 발생할 수 있다.

손 씻기를 통해 세균의 제거 효과는 손을 흐르는 물로만 씻어도 상당한 제거 효과가 있으며, 비누를 사용하여 흐르는 물로 20초 이상 씻었을 때 99.8%의 제거 효과가 있으며, 비누로 씻은 후 상업용 소독 비누 등을 추가로 사용하는 경우 효과가 더욱 좋다. 또한 항상 청결한 복장과 두발, 손톱을 항상 짧게 자르고 반지나 시계 등은 착용하지 않는 것이 좋다.

조리종사자는 식품위생법에 따라 1회/년 건강진단을 받아야 할 의무가 있으며, 건강진단 결과 제 1군 감염병, 피부병 및 기타 화농성 질환, 제3군 감염병 중 결핵비전염성인 경우 제외인 경우 조리에 종사하지 못한다. 발열, 설사, 복통, 구토하는 경우 식중독이 의심되므로 조리 작업에 참여하게 해서는 안 되며 의사의 진단을 받은 후 조치해야 한다. 본인 및 가족 중에 법정감염병 보균자가 있거나 발병한 경우에는 완쾌될 때까지 조리 작업에 참여하지 못하게 해야 한다. 또한 손이나 얼굴에 화농성 상처나 종기가 있는 경우 조리하지 않도록 한다.

2) 작업장 위생

(1) 보관 및 저장

- 재료는 지나치게 많은 양을 주문하지 말고 적정한 물품 양을 예측하여 필요한 만큼 주문한다.
- 식품은 바닥에 보관하지 말아야 하고, 햇빛이 닿지 않는 서늘한 장소에 위생적으로 진열, 보관하여 판매한다.
- 모든 식재료는 유통기한을 반드시 확인해야 하고 유통기한이 지난 물품은 폐기한다.
- 먼저 들어온 물품을 먼저 소비하는 선입선출의 원칙을 지키도록 한다.
- 채소나 과일 등은 심하게 손상이 되었는지 혹은 흙 등의 이물이 많이 묻어 있는지, 채소의 잎이나 과일의 꼭지 등이 신선한지, 통조림은 상하 면에 손상 등 외관에 이상이 없는지 등을 자세하게 살펴보도록 한다.
- 식자재와 일반 소모품을 분리하여 깨끗한 창고나 진열장에 보관하도록 한다.

- 저장실은 깨끗하고 건조하며 다른 오염원이 없어야 하고 보관된 식자재가 해충과 쥐 등으로부터 오염이 되지 않도록 주의해야 한다.
- 냉장고의 온도는 4℃ 이하, 냉동고의 온도는 -18℃ 이하가 되도록 항상 온도 관리를 해야 한다.
- 냉장·냉동고에 지나치게 물품을 가득 채울 경우에는 찬 공기가 잘 순환되지 않기 때문에 용량의 70% 정도로 식품을 보관하는 것이 좋고 각 식품의 보관방법을 확인 후 보관한다.
- 냄새가 나는 식품과 우유나 달걀과 같이 냄새를 흡수하는 식품은 분리하여 저장해야 한다.
- 달걀은 씻지 않고 냉장 상태로 별도의 투명 비닐이나 뚜껑을 씌워 보관한다.

(2) 시설 및 설비

- 바닥은 배수가 잘 되고 내수처리와 미끄러지지 않는 재질이어야 한다.
- 바닥은 오물이 끼지 않도록 매일 깨끗이 청소하고 청소 후 건조된 상태를 유지하도록 하며 정기적인 소독을 한다.
- 창문이나 출입구는 반드시 방충망을 설치하여 해충이나 곤충의 침입을 막고 2개월에 1회 이상 물로 청소하여 청결을 유지한다.
- 벽과 천장은 먼지 또는 기름때가 잘 부착하지 않는 자재와 구조로 되어야 하며 곤충이나 미생물이 번식하지 않도록 철저히 관리한다.
- 환기가 원활하게 이루어질 수 있도록 충분한 환기시설을 설치한다.
- 에어컨 또는 온풍기의 공기 흡입구와 필터는 정기적으로 세척한다.
- 쓰레기통은 뚜껑이 있어야 하며 청결하게 관리한다.

(3) 식기 및 기구

- 냉장·냉동고는 주 1회 이상 청소하고 온도를 주기적으로 측정 기록한다.
- 식기 세척기인 경우 바닥에서 최소한 15cm 이상 위에 설치한다.
- 마른 행주와 젖은 행주를 구분해야 하며, 사용하는 행주는 오염물 제거와 소독용 행주로 구분하여 사용하며 사용 후에는 반드시 열탕 소독하거나, 염소 소독한 뒤 건조하여 사용한다.
- 식품 등의 제조·가공·조리에 직접 사용되는 기계·기구 및 식기는 사용 후에 세척·살균하

표 7-12 식기와 각종 기구의 소독법

종류	대상	소독 방법	
열탕 소독	행주, 식기	100℃에서 5분 이상 충분히 삶음	
건열 소독	식기	100℃ 이상에서 2시간 이상 충분히 건조	
자외선 소독	칼, 도마, 기타 식기류	포개거나 뒤집어 놓지 말고 자외선이 바로 닿도록 30~60분간 소독	
화학 소독	작업대 기기, 도마, 생채소, 과일, 손(장갑)	염소 용액 소독	채소 및 과일을 100ppm에서 5분간 담근 후 흐르는 물에 3회 이상 충분히 세척
		70% 에틸알콜 소독	손 및 용기에 분무한 후 건조될 때까지 문지름

자료 : http://www.mfds.go.kr/fm/index.do?nMenuCode=65

는 등 항상 청결하게 유지·관리해야 하며, 어류·육류·채소류를 취급하는 칼·도마는 각각 구분하여 사용해야 한다.

● 전자레인지는 청결하게 관리하고, 전자레인지용 용기만 사용한다.

● 빨대, 컵 등은 입이 닿는 부분을 손으로 잡지 말고 중간 부분을 잡아서 제공하고, 뚜껑이 있는 용기에 담아 사용한다.

● 얼음 스쿱은 제빙기 내부에 보관하지 말아야 하며 제빙기는 정기적으로 세척, 소독을 실시한다.

● 자외선 소독고의 램프 성능 확인과 램프 교체 주기를 관리한다.

● 냉·온수기 또는 정수기는 실외 또는 직사광선이 비추는 장소, 화장실과 가까운 장소, 냉·난방기 앞 등에 설치하면 안 되고, 필터는 정기적으로 교환하고, 6개월마다 1회 이상 물과 접촉하는 부분을 고온·고압 증기 소독방법 등으로 청소 소독을 실시한다. 또 정수된 물이라도 기온이 올라가는 여름철에는 일반 세균이 번식할 우려가 높으므로 1개월에 2~3회 청소 및 소독을 반드시 해주는 것이 좋다.

표 7-13 식재료의 보관온도 및 보관기간

분류	품명	보관 온도(℃)	최적 보관 기간 (최장 보관 기간)	비고
채소류	엽채류	4~6℃	1일	채소를 씻은 상태
		15~26℃	3일	채소를 씻기 않은 상태
	근채류	4~6℃	2일	
		15~25℃	3개월	무 : 보관일 7일
	과채류	7~10℃	5일	
		15~25℃	3일	무 : 보관일 7일
	감자류, 뿌리채소류	20℃	(7~30일)	씻지 않은 상태
우유 및 유제품류	우유	10	(약7일)	미개봉
	버터	10	(6개월)	(가염품) 미개봉
	치즈	5	(6~12개월)	가공치즈, 미개봉
통조림류	과일	15~21	(1년)	건조 저장(습도 50~60%)
	과일주스	15~21	(6~9개월)	
	해산물	15~21	(1년)	
	수프	15~21	(1년)	
	채소	15~21	(1년)	
유제품류	무연당 연유	15~21	(1년)	건조 저장(습도 50~60%)
	분유	15~21	(6~9개월)	
기타	아이스크림	−18이하	(3개월)	
	과일	−18이하	(8~12개월)	
	과일주스	−18이하	(8~12개월)	
	채소	−18이하	(8개월)	
	감자튀김	−18이하	(2~6개월)	
	케이크	−18이하	(3~4개월)	
	과일 파이	−18이하	(3~4개월)	
	베이킹파우더, 베이킹소다	15~21	(8~12개월)	건조 저장(습도 50~60%)
	건조된 콩	15~21	(1~2년)	
	과자, 크래커	15~21	(1~6개월)	
	건조한 과일	15~21	(6~8개월)	
	잼, 젤리	15~21	(1년)	
	피클	15~21	(1년)	
	옥수수 녹말	15~21	(2~3년)	
감미료	설탕	25	(1년)	건조 저장(습도 50~60%)
	흑설탕	25	(1년)	
	시럽, 꿀	25	(1년)	
유지류	참기름	15~25	1년(6개월)	
	들기름	15~25	15일(3개월)	
	미강유	15~25	8개월(1년)	
	옥수수기름	15~25	8개월(1년)	
	콩기름	15~25	8개월(1년)	
	마요네즈	15~25	(2개월)	건조 저장(습도 50~60%)
	샐러드 드레싱	15~25	(2개월)	
	샐러드 오일	15~25	(6~9개월)	
	쇼트닝	15~25	(2~4개월)	

자료 : 식중독 예방 대국민 홍보 사이트(http://www.mfds.go.kr)

식중독 예방 일일 점검표

점검일자 : 201 . . .(:)

구분	점검사항	점검결과		비고
		적	부	
1. 개인위생	○ 설사·발열·구토 및 화농성 질환 여부 ○ 가족 및 동거인의 상기 질환 여부 ○ 위생모·위생복·작업화 등의 청결 여부 ○ 손세척 및 소독의 필요 숙지 여부 ○ 손톱의 청결 및 장신구(반지 등) 착용 여부 ○ 종업원의 심리적 안정 상태 여부			
2. 원료 및 조리·가공식 품 취급	○ 부패·변질 및 무신고(허가), 무표시 제품 등 사용 여부 ○ 저장조건, 포장·용기 등의 적정 상태 ○ 교차오염 방지를 위한 구분 보관 여부 ○ 적정보관 온도 준수 여부 ○ 가열조리식품과 비가열 조리식품의 구분 여부 ○ 가열조리식품의 신속 냉각 및 적정 보관 여부 ○ 과채류 등 원료의 절단 시 세척 선행 여부 ○ 식품 제조·가공·조리 시 마스크 착용 여부			
3. 조리·가공 설비 및 시설	○ 오염구역, 청결구역, 준청결구역 구분 여부 ○ 방충, 방서 및 이물 혼입 방지 여부 ○ 육류, 채소류 등 원료별 조리기구의 구분 및 사용 여부 ○ 칼·도마·행주 등 조리기구 및 설비 등의 적정 세척, 소독 여부 ○ 작업장 내 수세시설 및 소독시설의 구비 및 작동 여부 ○ 작업장 바닥의 물고임 방지 및 배수구 개폐 용이 여부			
4. 기타 준수사항 이행	○ 수돗물이 아닌 물을 사용 시 먹는 물 수질검사 여부 ○ 유통기한이 경과된 제품 진열·보관 또는 조리·가공 등 재 사 용 여부 ○ 쓰레기 및 쓰레기장의 청결 관리 여부			
5. 점검자 의견				

점검자(위생관리책임자) :   (인)

자료 : 식중독 예방 대국민 홍보 사이트(http://www.mfds.go.kr)

REFERENCE
참고문헌

국내문헌

가와구치 스미코(김민영 옮김)(2012), 커피는 과학이다, 섬앤섬

강란기, 박미영(2012), 커피 바리스타 이론, 도서출판유강

권대옥(2012), 권대옥의 핸드드립 커피, 이오디자인

기브리엘라 바이구에라(김희정 옮김)(2010). Coffee & Caffè. J&P

김관중, 박승국(2006). 커피 원두의 배전공정 중 변화되는 주요 화학성분에 대한 연구, *한국식품과학회지* 38(2) : 153-158

김근영(2011). SERI 경영노트 커피 한 잔에 담긴 사회 경제상 제113호

김기동, 허중욱(2011). 소비자 커피 맛 선호요인 Q분석, *관광연구저널* 25(3) : 145-161

김미정, 박지은, 이주현, 최나래, 홍명희, 표영희(2013), 시판 커피 한 컵에 함유된 생리활성 성분과 항산화활성, *한국식품과학회지* 45(3) : 299-304

김윤태, 홍기운, 최주호, 정강국(2011). 커피학 개론, 광문각

김은혜, 이미주, 이유나(2013.4). 대한민국은 커피공화국-1. 우먼센스

김일호, 김종규, 김지응(2012). 커피의 모든 것, 백산출판사

김훈태(2011), 핸드드립 커피 좋아하세요?, 갤리온

농촌진흥청(2017). 국가표준식품성분표 제9개정판

니나 루팅거, 그레고리디컴(2010), the coffee book, 도서출판사랑플러스

니시자와 치에코, 귀엔 반 츄엔(이정기, 이상규, 김정희 공역)(2011). 커피의 과학과 기능, 광문각

데이비드 쇼머(2011), 에스프레소:전문가를 위한 테크닉, 테라로사

메리 뱅크, 크리스틴 맥파덴, 캐서린 아킨슨(2002), The World Encyclopedia Of Coffee,

문준웅(2008). 완전한 에스프레소, 커피의 이해, ㈜어이비라인·월간 COFFEE

서지연, 정창희, 송호석, 엄선옥, 백미선(2017), 바리스타 입문학, 파워북

스콧 라오(2008), 프로페셔널 바리스타, 주빈커피

스튜어트 리 앨런(2005), 커피견문록, 이마고

신기욱(2011), 커피 마스터 클래스, 북하우스엔1

양동혁, 구본철(2012), Basic & All about coffee, 도서출판오샤

윌리엄 H. 우커스(박보경 옮김)(2013). All about Coffee, 세상의 아침

유대준(2012), coffee inside, 해밀&Co

이시와키 도모히로(김민영 옮김)(2012). 커피는 과학이다, 섬앤섬

이진성(2018). 닥터커피, 교보문고

임흥빈, 장금일, 김동호(2017). 커피원두의 분쇄입도에 따른 커피 추출물의 이화학적 품질특성 및 휘발성 향기성분 분석, 한국식품영영과학회지 46(2):730-738

전광수, 이승훈, 서지연, 송주은(2009). 기초 커피바리스타, 형설출판사

정해옥(2010). 커피사전, MJ미디어

최범수(2011), 에스프레소 머신과 그라인더의 모든 것, 아이비라인

최성일(2008), 커피트레이닝 바리스타, 땅에쓰신글씨

커피교육연구원(2010), 커피기계관리학, 아카데미아

커피교육연구원(2012). 커피학개론, 아카데미아

하보숙, 조미라(2012), 커피의 모든 것, 열린세상

하인리히 에두아르트 야콥(2013), 커피의 역사, 자연과생태

한국지리정보연구회(2006), 자연지리학사전, 한울아카데미

한국커피교육연구원(2012). 커피조리학, 아카데미아

한국커피전문가협회(2011). 바리스타가 알고 싶은 커피학, 교문사

허형만(2009), 허형만의 커피스쿨, 팜파스

히로세 유키오(장상문, 이정기, 김윤호, 김옥영, 한창환, 유승권 공역)(2011). 더 알고 싶은 커피학, 광문각

Sun Young Choi, Kyung Jin Lee, Hyung Gyun Kim, Eun Hee Han,Young Chul Chung, Nak Ju Sung, and Hye Gwang Jeong(2006). Protective Effect of the Coffee Diterpenes Kahweol and Cafestol on tert-Butyl Hydroperoxide-induced Oxidative Hepatotoxicity, *Bull. Korean Chem. Soc.* 27(9), 1386-1392

국외문헌

Adriana Farah(2012). Coffee : Emerging Effects and Disease Prevention, p.28, 38, John Wiley & Sons, Inc.

André Nkondjock(2009). Coffee consumption and the risk of cancer : An overview. *Cancer Letters* 277 : 121-125

Andrea Illy and Rinantonio Viani(2005). Espresso Coffee, The Science of Quality, second edition. Elsevier Academic Press

Arab L. (2010). Epidemiologic evidence on coffee and cancer. *Nutr Cancer*, 62:271-83.

Arab L. et al. (2011). Gender Differences in Tea, Coffee, and Cognitive Decline in the Elderly:

The Cardiovascular Health Study. *J Alzheimers Dis*. 27(3) : 553–66.

Belitz, H.-D., Grosch, W., & Schieberle, P. (2009). Coffee, tea, cocoa. In H.-D. Belitz, W. Grosch, & P. Schieberle (Eds.), Food Chemistry 4th ed., pp.938–951.

Clifford MN. (1975). The composition of green and roasted coffee beans. *Proc. Biochem*. 5 : 13–16

Costa J. et al. (2010). Caffeine exposure and the risk of Parkinson's disease : a systematic review and meta-analysis of observational studies. *J Alzheimers Dis*, 20:S221–38.

Crozier TWM, Stalmach A, Lean ME, Crozier A(2012). Espresso doffees, caffeine and chlorogenic acid intake: potential health implications. *Food Funct*. 3 : 30–33

Dorea J, da Costa T(2005). Is coffee a functional food? *Brit. J. Nutr*. 93 : 773–782

Fujioka K, Shibamoto T(2008). Chlorogenic acid and caffeine contents in various commercial brewed coffees. *Food Chem*. 106:217–221

Galeone C. et al. (2010). Coffee consumption and risk of colorectal cancer: a meta-analysis of case–control studies. *Cancer Causes Control*, 21:1949–59.

Gardener H. et al. (2013). Coffee and Tea Consumption Are Inversely Associated with Mortality in a Multi-ethnic Urban Population. *The Journal of Nutrition*, 143(8):1299–308.

Geleijnse J.M. (2008). Habitual coffee consumption and blood pressure: An epidemiological perspective. *Vasc Health Risk Man*, 4(5):963–970.

Hatch E.E. et al. (2012). Caffeinated beverage and soda consumption and time to pregnancy. *Epidemiology*, 23(3):393–401.

Huxley R. et al. (2009). Coffee, Decaffeinated Coffee, and Tea Consumption in Relation to Incident Type 2 Diabetes Mellitus. *Archives of Internal Medicine*, 169:2053–2063.

Ivon Flament, Yvonne Bessière-Thomas(2002). Coffee Flavor Chemistry, John Wiley & Sons, LTD

JANE V. HIGDON and BALZ FREI(2006). Coffee and Health: A Review of Recent Human Research, *Critical Reviews in Food Science and Nutrition*, 46:101–123

Johnson-Kozlow M. et al. (2002) Coffee consumption and cognitive function among older adults. *Am J Epidemiol*, 156:842–850.

Jon Thorn(2006). The Coffee companion, Running Press Book Publisher

Kevin Knox, Julie Sheldon Huffaker(1997). Coffee Basics, John Wiley & Sons, INC.

Larsson S.C. et al (2007). Coffee consumption and liver cancer: a meta-analysis. *Gastroenterology*, 132:1740–1745.

Lean ME, Crozier A(2012). Coffee, caffeine and health: What's in your cup? *Maturitas* 72:171–172

Leitzmann M.F. et al. (1999). A prospective study of coffee consumption and risk of symptomatic gallstone disease in men. *JAMA*, 281:2106–2112.

Leitzmann M.F. et al. (2002). Coffee intake is associated with lower risk of symptomatic gallstone disease in women. *Gastroenterol*, 123, 1823–1830.

Link A, Balaguer F, Goel A (2010). Cancer chemoprevention by dietary polyphenols: Promising role for epigenetics. *Biochem. Pharmacol.* 80:1771–1792

Lopez-Garcia E, van Dam RM, Li TY, Rodriguez-Artalejo F, Hu FB.(2008). The Relationship of Coffee Consumption with Mortality. *Ann Intern Med.*, 148:904–914.

Lopez-Garcia E. et al. (2009). Coffee consumption and risk of stroke in women. *Circulation*, 119:1116–1123.

MASOOD SADIQ BUTT and M. TAUSEEF SULTAN(2011). Coffee and its Consumption: Benefits and Risks. *Critical Reviews in Food Science and Nutrition*, 51:363–373

MELANIE A. HECKMAN, JORGE WEIL, and ELVIRA GONZALEZ DE MEJIA(2010). Caffeine (1, 3, 7-trimethylxanthine) in Foods: A Comprehensive Review on Consumption, Functionality, Safety, and Regulatory Matters, *J of Food Science* 75(3) : R77–R87

Merritt MC, Proctor BE. (1975). Effect of temperature during the roasting cycle on selected components of different types of whole bean coffee. *J. Sci. Food Agric.* 14:200–206

Michael N. Clifford(1985). Coffee: botany, biochemistry, and production of beans and beverage, Croom Helms. milk addition. *Food Chem.* 134:1870–1877

Molloy J.W. et al. (2012). Association of coffee and caffeine consumption with fatty liver disease, non-alcoholic steatohepatitis, and degree of hepatic fibrosis. *Hepatology*, 55(2):429–36.

Moors LC, Macrae R, Grenenger DM. (1951). Determination of trigonelline in coffee. *Anal. Chem.* 23: 327–331

Nkondjock A. (2009). Coffee consumption and the risk of cancer: an overview. *Cancer Letters*, 277:121–5.

Reiko Fumimoto1, Eiko Sakai1, Yu Yamaguchi, Hiroshi Sakamoto, Yutaka Fukuma, Kazuhisa Nishishita, Kuniaki Okamoto, and Takayuki Tsukuba(2012). The Coffee Diterpene Kahweol Prevents Osteoclastogenesis via Impairment of NFATc1 Expression and Blocking of Erk Phosphorylation, *J Pharmacol Sci* 118, 479–486

Ruhl C.E. et al. (2000). Association of coffee consumption with gallbladder disease. *Am J Epidemiol*, 152:1034–8.

Santos C. et al. (2010). Caffeine intake and dementia: systematic review and meta-analysis. *J Alzheimers Dis*, 20:S187–204.

Shimamoto T. et al. (2013). No association of coffee consumption with gastric ulcer, duodenal ulcer, reflux esophagitis, and non-erosive reflux disease: a cross-sectional study of 8,013 healthy subjects in Japan. *PLoS One*, 12:8(6).

Smith A.P. (2005). Caffeine at work. *Hum Psychopharmacol*, 20:441–5.

Solange I. Mussatto & Ercília M. S. Machado & Silvia Martins & José A. Teixeira(2011). Production,

Composition, and Application of Coffee and Its Industrial Residues, *Food Bioprocess Technol* 4:661–672

Speer K., Hruschka A., Kurzrock T, and Köling-Speer I.(2000). Diterpenes in coffee. In T.H. Parliment, C.T. Ho and P. Schieberls(eds), Caffeinated Beverages, Health Benefits, physiological Effects, and Chemistry." ACS symposium series No. 754. 241–251

Tawfik, M.S. and El Bader, N.A.(2005). Chemical Characterization of Harar and Berry Coffee Beans with Special Reference to Roasting Effect, *J of Food Technology* 3(4):601–604

Tena N, Draženka K, Ana BC, Dunja H, Maja B.(2012). Bioactive composition and antioxidant potential of different commonly consumed coffee brews affected by their preparation technique and milk addition. *Food Chem.* 134:1,870–1,877

Trugo LC, Macrae R, Dick J. (1983). Determination of purine alkaloids and trigonelline in instant coffee and other beverages using high performance liquid chromatography. *J. Sci. Food Agric.* 34:300–306

Vignoli JA, Bassoli DG, Benassi MT(2011). Antioxidant activity, polyphenols, caffeine and melanoidins in soluble coffee: the influence of processing conditions and raw material. *Food Chem.* 124:863–868

World Health Organisation(2010). Mental and behavioural disorders. *International Statistical Classification of Diseases and Related Health Problems*, 10th Revision.

Wu J. et al. (2009). Coffee consumption and the risk of coronary heart disease: a meta-analysis of 21 prospective cohort studies. *Int J Cardiol*, 137:216–225.

Urgert R. & Katan M. B. (1996). The cholesterol-raising factor from coffee beans. *J R Med*, 89(11):618–623.

Yu X. et al (2011). Coffee consumption and risk of cancers: a meta-analysis of cohort studies. *BMC Cancer*, 11:96.

Zhang Y. et al. (2011). Coffee consumption and the incidence of type 2 diabetes in men and women with normal glucose tolerance: The Strong Heart Study. *Nutr Metab Cardiovasc Dis*, 21:418–423.

기타

http://authoritynutrition.com/top-13-evidence-based-health-bene fits-of-coffee

http://en.wikipedia.org/wiki/Coffee#Etymology

http://fortunaagromandiri.com Kopi-Luwak

http://koreanfood.rda.go.kr/fct/FctPdfDwn_View.aspx?qPage=1&qSe arch=&qBoardID=TFBoard1&qMode =0&qidx=36

http://koreanfood.rda.go.kr/kfi/fct/fctFoodSrch/list

http://m.cafe.naver.com/ulsaneuropebarista/33?searchref=TrUHa00x3kJjVVILtNKk2x%252Fian7xYZrkjl6Qv sj55eM%253D

http://oneclick.law.go.kr/CSP/CnpClsMain.laf?popMenu=ov&csmSeq=536&ccfNo=2&cciNo=1&cnpClsNo=1

http://scaa.org

http://terms.naver.com/entry.nhn?docId=1096037&cid=40942&categoryId=32310

http://terms.naver.com/entry.nhn?docId=545459&mobile&cid=1647&categoryId=1647

http://wiki.triestecoffeecluster.com/index.php?title=Raw_Bean_Composition

http://www.blackriverroasters.com/the-science-of-coffee

http://www.bulletproofexec.com/why-bad-coffee-makes-you-weak

http://www.coffeeandhealth.org/coffee-and-health-topics

http://www.coffeeandhealth.org/all-about-coffee/other-compounds-in-coffee

http://www.cspinet.org/new/cafchart.htm

http://www.eatingwell.com/nutrition_health/nutrition_news_information/health_reasons_to_drink_
coffee_and_cons_to_consider

http://www.energyfiend.com/the-caffeine-database

http://www.fao.org/fileadmin/user_upload/agns/pdf/coffee/FTR2006. pdf

http://www.foodnara.go.kr/hfoodi/industry/main/sub. jsp?Mode=view&boardID=s_0502_
bbs&num=311&tpage=1&keyfield=&key=&bCate=

http://www.herbsociety-stu.org/images/The%20World%20of%20 Coffee%2005%202013.pdf

http://www.hsph.harvard.edu/nutritionsource/coffee

http://www.ico.org/making_coffee.asp

http://www.mfds.go.kr

http://www.mfds.go.kr/fm/article/view.do?articleKey=1845&searchTitleFlag=1&boardKey=6&menuKey=171
&currentpageNo=1

http://www.nationalgeographic.com/coffee/ax/frame.html

http://www.ncausa.org/i4a/pages/index.cfm?pageid=1

http://www.sweetmarias.com/coffee.prod.timetable.php

http://www.yonhapnews.co.kr/bulletin/2018/02/14/0200000000AKR20180214039100030.HTML

커피 아로마키트_36 Aroma 르네뒤뱅 해설서

AUTHOR INTRODUCTION 저자소개

우인애

수원여자대학교 외식산업과 교수

박미영 I SCAA Q-Grader

그라노드카페 대표

수원여자대학교 외식산업과 겸임교수

바 리 스 타 를

위 한 Coffee

&

커 피 Barista

🖤🖤입 문 서

2014년 4월 21일 초판 발행 | 2022년 5월 19일 초판 4쇄 발행

지은이 우인애·박미영 | **펴낸이** 류원식 | **펴낸곳** **교문사**

주소 (10881) 경기도 파주시 문발로 116 | **전화** 031-955-6111 | **팩스** 031-955-0955
홈페이지 www.gyomoon.com | **E-mail** genie@gyomoon.com
등록 1968. 10. 28. 제406-2006-000035호
ISBN 978-89-363-1398-2(93590) | **값** 18,000원